CAD/CAM技能型人才培养系列教材

Mastercam 2022 数控加工基础教程

戴坤添　主　编

张国轩　陈如香　副主编

清华大学出版社

北　京

内 容 简 介

本书全面详细地介绍了最新版 Mastercam 2022 的功能和使用方法,通过大量的实例进行讲解,使读者能够快速掌握 Mastercam 编程的方法,并能达到举一反三的效果。

本书共 12 章,包括 Mastercam 基础、二维图形绘制与编辑、实体造型和实体编辑、曲面造型和曲面编辑、Mastercam 与数控加工、二维加工系统、钻孔与雕刻、三维曲面粗加工、三维曲面精加工、多轴加工系统、车床加工系统、刀具路径编辑等内容。

本书深入浅出,实例引导,讲解翔实,非常适合从事数控编程的初中级读者使用,也可以作为高等院校机械类相关专业的教材,还可以作为相关培训机构的培训教材和工程技术人员的参考用书。

图书在版编目(CIP)数据

Mastercam 2022 数控加工基础教程 / 戴坤添主编. —北京:清华大学出版社,2022.7 (2024.4 重印)
CAD/CAM 技能型人才培养系列教材
ISBN 978-7-302-60995-7

I. ①M… II. ①戴… III. ①数控机床—加工—计算机辅助设计—应用软件—教材 IV. ①TG659.022

中国版本图书馆 CIP 数据核字(2022)第 095831 号

责任编辑:刘金喜
封面设计:范惠英
版式设计:思创景点
责任校对:成凤进
责任印制:丛怀宇

出版发行:清华大学出版社
    网　　址:https://www.tup.com.cn, https://www.wqxuetang.com
    地　　址:北京清华大学学研大厦 A 座　　邮　　编:100084
    社 总 机:010-83470000　　邮　　购:010-62786544
    投稿与读者服务:010-62776969,c-service@tup.tsinghua.edu.cn
    质 量 反 馈:010-62772015,zhiliang@tup.tsinghua.edu.cn
印 装 者:三河市龙大印装有限公司
经　销:全国新华书店
开　本:185mm×260mm　印　张:20.75　字　数:465 千字
版　次:2022 年 8 月第 1 版　印　次:2024 年 4 月第 2 次印刷
定　价:79.00 元

产品编号:095923-01

前 言

　　Mastercam 是美国 CNC Software NC 公司研制开发的 CAD/CAM 一体化软件，二十多年来，Mastercam 在功能上不断得到更新与完善，已被广泛应用于数控加工行业。

　　本书主要讲解最新版 Mastercam 2022 的 CAD/CAM 部分，对各种基本造型方法以及各种加工编程方法都有详细的讲解，尤其对加工编程中遇到的加工参数进行了具体的解释，并对每种刀具路径的优缺点进行了分析，对每种刀具路径使用的场合进行了说明。

　　本书在讲解过程中采用了大量实例，对所用参数理论进行了补充讲解，让读者能够了解具体编程过程中的参数设置。

1．本书特色

　　知识梳理：本书在每章开头设置了学习目标，对每章的重点学习内容进行了说明，用户可根据提示逐点学习重点内容，以快速掌握 Mastercam 软件的基本操作。

　　专家点拨：本书在一些命令介绍后面设置了"提示"模块，通过对特殊操作或重点内容进行提示，使用户掌握更多的操作。

　　实例讲解：本书以丰富的实例介绍 Mastercam 2022 的各项命令及全过程操作，并在各章的末尾设置了实训练习题，使用户能够快速掌握各项命令。

　　视频教学：为了让读者更方便地学习本书内容，本书为每章的基础讲解及综合实例的操作提供了视频教学，读者可以跟随视频的操作一步步进行学习。

2．本书内容

编者根据自己多年在设计和编程中的经验，从全面、系统、实用的角度出发，以基础知识与大量实例相结合的方式，详细地介绍了 Mastercam 基础模块的各种操作、技巧、常用命令以及应用实例。全书共分 12 章，具体内容如下。

第 1 章　初识 Mastercam。介绍 Mastercam 软件的基础知识，主要对软件基础操作命令进行简要介绍，以方便用户入门学习。

第 2 章　二维图形绘制与编辑。讲解 Mastercam 二维图形的绘制与编辑操作，并通过案例讲解二维图形的绘制技巧。

第 3 章　实体造型和实体编辑。讲解三维图形的编辑与操作，并通过案例讲解实体造型和实体编辑的技巧。

第 4 章　曲面造型和曲面编辑。讲解曲面造型和曲面编辑，使读者掌握曲面模型的创建和编辑操作。

第 5 章　Mastercam 与数控加工。讲解数控加工的一般流程、刀具及工件设置等。

第 6 章　二维加工系统。讲解二维加工方法，包括外形铣削、挖槽加工、平面铣等，并通过案例讲解二维加工系统的操作方法。

第 7 章　钻孔与雕刻。重点讲解钻削与雕刻，将点、圆等图素加工成各种孔或进行雕刻加工。

第 8 章　三维曲面粗加工。讲解三维加工方法，包括三维曲面加工、二次开粗加工等，并通过案例讲解三维粗加工系统的操作方法。

第 9 章　三维曲面精加工。讲解在粗加工后对剩余的残料进行再加工，以进一步清除残料的方法，包括平行、放射、投影、流线、等高外形、等距环绕、熔接、清角等。

第 10 章　多轴加工系统。讲解四轴、五轴加工方法，包括曲线五轴、钻孔五轴、侧刃铣削、沿面加工等，并通过案例讲解多轴加工系统的操作方法。

第 11 章　车床加工系统。讲解车削加工的方法，包括粗车、精车、切槽等，并通过案例讲解车削加工的操作方法。

第 12 章　刀具路径编辑。介绍刀具路径的编辑方法。

为便于读者学习，本书采用了中文版软件，图形界面基本实现了汉化，但个别术语、选项汉化得不够精确，文中讲解时仍按常用说法进行了描述。

3．教学资源

本书配套赠送的教学资源包括实例文件、教学课件、教学视频三部分。实例文件包含源文件和结果文件，源文件是实例的起始操作文件，结果文件是完成数控加工后的文件；教学视频包括了所有综合实例操作内容；教学课件可供任课教师课堂上使用。

实例文件+教学课件

实例文件和教学课件可通过扫描右侧二维码下载，教学视频可通过扫描书中二维码观看。

4．本书编者

本书由戴坤添任主编，张国轩、陈如香任副主编。虽然编者在本书的编写过程中力求叙述准确、完善，但由于水平有限，书中的欠妥之处在所难免，希望读者和同仁能够及时指出，以提高本书的质量。

5．读者服务

为了方便解决本书疑难问题，读者在学习过程中遇到与本书有关的技术问题，可以发邮件到邮箱 476371891@qq.com，编者会尽快给予解答，且竭诚为您服务。

编　者

目　录

第1章
初识 Mastercam

本章主要讲解 Mastercam 的基础知识，包括软件的启动和退出、工作界面、文件管理、网格设置、系统配置、图层管理、图素选择、手动捕捉点等。

 学习目标

◇ 掌握软件的启动和退出操作。
◇ 理解文件的管理方法。
◇ 掌握图层的管理方法。
◇ 掌握图素的选择技巧。
◇ 认识软件的基本界面。

本章教学视频

1.1 软件的启动和退出

在进行工作和学习前，首先需要打开 Mastercam 软件，启动和退出该软件的操作比较简单，有多种操作方式，下面将分别进行讲解。

1.1.1 启动 Mastercam

Mastercam 软件的启动方式有以下 3 种。

(1) 在桌面上双击 Mastercam 快捷方式即可快速启动该软件。

(2) 在"开始"菜单中单击 Mastercam 快速启动图标即可快速启动该软件。

(3) 在 Mastercam 安装根目录下找到 Mastercam 软件图标，然后双击该图标即可启动该软件。

1.1.2 退出 Mastercam

Mastercam 软件的退出方式有以下 3 种。

(1) 在 Mastercam 窗口的右上角单击关闭按钮 ❌ ，即可退出该软件。

(2) 在 Mastercam 选项卡中选择"文件"→"退出"命令，即可退出该软件。

(3) 直接按 Alt+F4 组合键即可退出软件。

1.2 工作界面简介

在桌面上启动软件后，即可进入 Mastercam 软件的界面，该界面包括标题栏、选项卡、面板、状态栏、操作管理器、绘图工作区等，如图 1-1 所示。各功能含义如下。

- ◇ 标题栏：用来显示当前软件的版本信息、当前使用的模块、打开文件的路径及文件名称等。
- ◇ 选项卡：用于放置所有的菜单命令。由于各个模块被整合为一体，所以不管是哪个模块，选项卡都相同。
- ◇ 面板：位于选项卡下方，包含常用的菜单项的快捷图标。

　　◇　操作管理器：用来管理实体和刀具路径。用户可以折叠，也可以打开此管理器。所有与实体相关的操作都可以在实体管理器中完成，所有与刀具路径相关的操作都可以在刀具路径管理器中完成，因此，对实体和刀具路径的操作非常方便。

　　◇　状态栏：用来设置或更改图形的属性信息，包括颜色、Z 深度、图层、线型、线宽等。

　　◇　绘图工作区：用来绘制和编辑图形。

　　◇　快捷工具栏：用来实现常用命令的快捷操作。

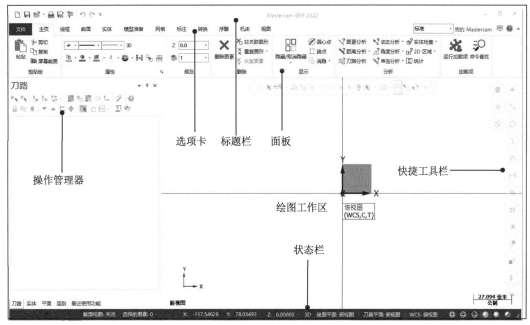

图 1-1　软件操作界面

1.3　文件管理

　　文件管理包括新建文件、打开文件、插入已有文件、导入和导出文件等。在绘制图素后，必须要对图素进行管理，如保存和新建等，管理图素是进行文件处理过程中经常用到的功能。用户必须对文件进行合理的管理，以方便以后的调取或随时重新进行编辑。

1.3.1　新建文件

　　在启动软件时，系统就默认新建了一个文件，不需要再进行新建文件操作，便可以直接在当前窗口进行绘图。

　　若在使用后，想新建一个文件，可以在选项卡中选择"文件"→"新建"命令，这时系统弹出询问对话框，该对话框询问用户是否对刚才的文件进行保存，如图 1-2 所示。

图 1-2　询问对话框

在询问对话框中，若单击"保存"按钮，则对刚才的文件进行保存，系统弹出"另存为"对话框，该对话框用来设置保存路径，如图 1-3 所示；若单击"不保存"按钮，则系统不予保存，直接新建一个文件，即删除先前的图素直接新建文件。

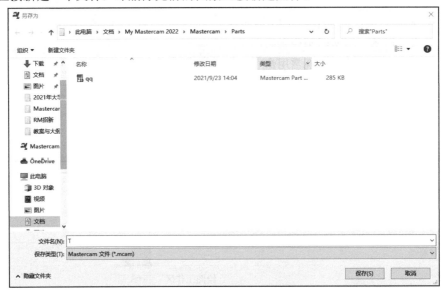

图 1-3 "另存为"对话框

1.3.2 打开文件

如果要调取其他文件，可以在选项卡中选择"文件"→"打开"命令，系统弹出"打开"对话框，该对话框用来查找打开目录，调取需要的文件，如图 1-4 所示。

图 1-4 打开文件

在右边的预览对话框中还可以对所选的图形进行预览，查看是否是自己需要的文件，从而方便地做出选择。

1.3.3　保存文件

保存文件有 3 种方式：保存文件、另存文件和部分保存文件。用户可以在选项卡中选择"文件"→"保存文件"命令，将所完成的文件进行保存；"另存为"是将当前的文件复制一份副本另存到别的目录，相当于保存副本；"部分保存"是选取绘图区某一部分图素进行保存，没有选取的则不保存。

1.3.4　导入/导出文件

导入/导出文件主要是将不同格式的文件相互进行转换。导入是将其他类型文件转换为 MCX 格式的文件。导出是将 MCX 格式的文件转换为其他格式文件。

在选项卡中选择"文件"→"转换"→"导入文件夹"命令，系统弹出"导入文件夹"对话框，"导入文件类型"用于选择要转换的文件的格式，如图 1-5 所示。

在选项卡中选择"文件"→"转换"→"导出文件夹"命令，系统弹出"导出文件夹"对话框，"输出文件类型"用于选择要转换成的文件的格式，如图 1-6 所示。

图 1-5　导入文件

图 1-6　导出文件

1.4　设置网格

网格的功能是辅助绘图，系统会在屏幕上显示等间距的密布的矩形点阵，用户在绘图时可以参考网格点进行绘制，也可以用鼠标捕捉网格点来绘制图形。

在选项卡中选择"视图"→"网格设置"命令，系统弹出"网格"对话框，该对话框用来设置网格相关的参数，如图 1-7 所示。

图 1-7　"网格"对话框

1.5　系统配置设定

　　系统配置主要用来控制 Mastercam 软件所有的系统参数，包括绘图颜色、工作区背景颜色、绘图单位制，以及绘图和刀具路径等方面的设置。

　　若要更改系统配置，可以在选项卡中选择"文件"→"配置"命令，系统弹出"系统配置"对话框，该对话框用来设置系统内定参数，如图 1-8 所示。

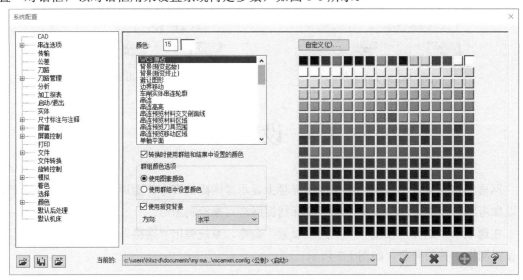

图 1-8　"系统配置"对话框

1.6 图层管理

图层管理主要是将诸多的图素进行分类、存储，方便用户调取、操作。图层管理主要分两方面：一是图层的打开和关闭；二是图层的移动和复制。

1.6.1 图层的打开和关闭

图层的打开和关闭可以控制图素的显示和隐藏。当绘图区的图素过多时，图层的隐藏就显得非常重要。

用户可以在层别管理器中打开或关闭图层，具体操作方式如下。

在操作管理器下方的状态栏中单击"层别"按钮，系统弹出"层别"对话框，如图 1-9 所示。在层别管理器中单击"高亮"栏中的"×"即可关闭此图层，反之单击此栏显示"×"即可打开此图层。

图 1-9 层别管理器

1.6.2 图层的移动和复制

图层的移动和复制是指将此图层中的图素移动或者复制到另外一个图层。图层的移动和复制操作方式类似，首先选中需要移动到的图层，单击鼠标右键，在弹出的快捷菜单中选择"移动选定的图素"选项，选择绘图区的图素，单击"结束选择"按钮。

在"更改层别"对话框中，选择"移动"选项，即可将选中的图素移动到目标图层；选择"复制"选项，则可以将选中的图素复制到目标图层。

1.7 图素选择方法

图素的选择方法有单体选取、串连选取、矩形框选、多边形选取、向量选取、区域选取等。有以下两种方式可以调取这些选项。

(1) 在没有调取任何命令时，直接在面板中切换选取工具即可进行选取，如图 1-10 所示。

(2) 在调取了某一工具后，系统弹出"线框串联"对话框，在该对话框中也可以切换多种选取方式(与面板中的选取方式相同)，如图 1-11 所示。

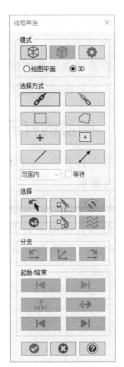

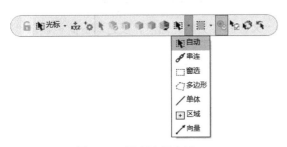

图 1-10　图素选择方法

图 1-11　"线框串连"对话框

下面将详细讲解各种选取方式的含义和操作。

1.7.1　单体选取

单体选取是指一次只选取一个图素，如果选取的图素比较多，此方法就比较费时费力。但是，在某些特殊情况下，例如，当多个图素相连并相切时，用户若需要只选取某一个单独的图素，就可以采用单体选取模式。

1.7.2　串连选取

当图素较多，且多个图素首尾相连组成串连时，一个一个地选太浪费时间，可以采用串连选取的方式一次选取所有相连接的图素，这样选取效率比较高。

串连分为开放串连和封闭串连。开放串连不形成闭环即不封闭，存在独立的起点和终点；封闭串连会形成一个封闭环，起点和终点重合。调用"串连"选项的方式有以下 3 种。

(1) 在"选择"面板中单击"串连"按钮，再在绘图区选取串连。

(2) 按住 Shift 键，同时在绘图区选取串连。

(3) 在弹出的"线框串连"对话框中，单击"串连"按钮，即可在绘图区选取串连，如图 1-12 所示。

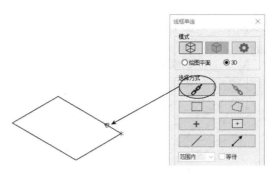

图 1-12　串连选取

1.7.3　矩形框选

如果要选取的图素较多，而且它们之间并不形成串连，此时可以采用框选的方式选取图素。

调用"框选"选项的方式有两种：一种是在弹出的"线框串连"对话框中单击"框选"按钮，选取方式如图 1-13 所示；另一种是在面板中选取矩形框选，分框内和框外，因此不同的框选区域，框选的类型也有区别。

在框选类别栏单击，弹出下拉列表，有范围内、范围外、内+相交、外+相交和交点共 5 种框选类型，如图 1-14 所示。

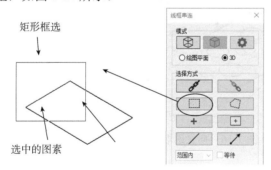

图 1-13　框选图素　　　　　　　　　　图 1-14　框选类别

框选类别中各选项的含义如下。

◇　范围内：只选中矩形框之内的图素。

◇　范围外：只选中矩形框之外的图素。

◇　内+相交：选中矩形框之内的与矩形框相交的图素。

◇　外+相交：选中矩形框之外的与矩形框相交的图素。

◇　交点：只选中与矩形框相交的图素。

1.7.4　多边形选取

当要选取的图素较多，图素之间并不形成串连，并且它们不集中在矩形框之内时，可以

采用多边形选取的方式选取图素,如图 1-15 所示。

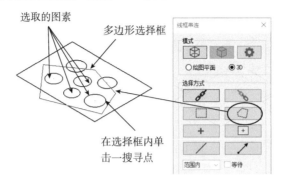

图 1-15　多边形选取

1.7.5　向量选取

向量选取是使用鼠标拉出一段或多段向量,凡是与向量相交的串连都被选取。也就是说,与向量相交的图素被选取,并且与此图素相连组成的串连也全部被选取。此种选取方式在比较复杂且很多图素在一起时采用,如图 1-16 所示。

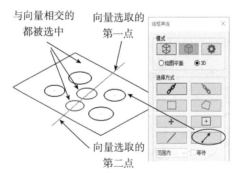

图 1-16　向量选取

1.7.6　区域选取

区域选取是指用鼠标单击某一点位置,系统会将此点所在的封闭范围内的所有图素全部选取。选取的原理是以此点作为中心,向四周发散,向外到封闭的外边界,包括外边界,向内到封闭的内边界,包括内边界。在外边界之外的图素不被选中,在内边界之内的图素也不被选中。区域选取图素的方式如图 1-17 所示。

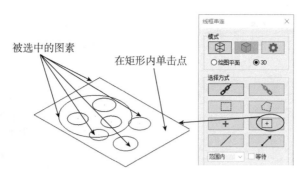

图 1-17　区域选取方式

1.7.7　部分串连选取

当只需要选取串连中的某一部分图素时，采用串连选取会多选，采用单体选取会少选，此时，可以采用部分串连功能，只选取用户需要的部分。或当图素较多，并且存在分歧点时(即 3 个或 3 个以上图素有共同的交点)，采用串连无法选取，可以采用部分串连。

部分串连一般被包含在串连选项中，在串连选项中单击"部分串连"按钮，系统提示选取第一个图素，选取直线，接着系统提示选取最后一个图素，选取另外一条直线，如图 1-18 所示。

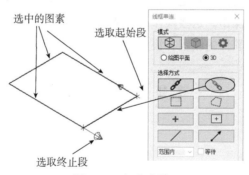

图 1-18　部分串连

1.7.8　手动捕捉点

在绘图过程中，有时捕捉点不准确，会导致选取错误，这种情况下可以采用手动捕捉的方式，增加捕捉的成功率。特别适合某些特征点连在一起，采用自动捕捉非常难选时采用。单击面板中"光标"按钮右侧的下拉按钮，即可在下拉列表中选择手动捕捉点，如图 1-19 所示。

另外，在绘制曲面时，如果曲面边界没有曲线，想选取边界的端点，就必须手动捕捉端点。要将矩形曲面的中心移动到坐标系原点，就必须找出矩形曲面的中心点，矩形曲面的对角点连线的中点即为曲面中心。绘制对角线的步骤如图 1-20 所示。

图 1-19　手动捕捉

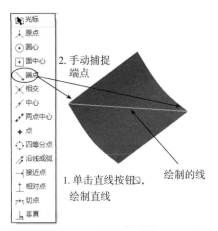

图 1-20　绘制对角线

1.8　本章小结

本章主要讲解了软件的启动和退出、工作界面、文件管理、系统配置、图层管理、图素选取和手动捕捉点选择等操作。这些操作在后续的学习和工作中会经常用到。因此，熟练掌握这些技巧，对快速掌握软件的编程有很大的帮助。

1.9　练习题

一、填空题

1．图层的打开和关闭可以控制在该层的图素的＿＿＿＿＿和＿＿＿＿＿。

2．保存文件有 3 种方式，分别是＿＿＿＿＿、＿＿＿＿＿和＿＿＿＿＿。

3．图素的选择方法包括单体选取、＿＿＿＿＿、矩形框选、＿＿＿＿＿、＿＿＿＿＿、区域选取等。

4．串连选取分为＿＿＿＿＿和＿＿＿＿＿。

5．矩形框选有＿＿＿＿＿、＿＿＿＿＿、＿＿＿＿＿、＿＿＿＿＿、＿＿＿＿＿共 5 种框选类型。

二、简述题

1．简述各种图素选择方法的操作步骤和优缺点。

2．简述图素的选择方法。

3．简述图层的移动和复制方法。

第 2 章
二维图形绘制与编辑

Mastercam 二维绘图与编辑是整个 Mastercam 造型和加工编程的基础,用户可以通过 Mastercam 的点、线、圆等基本图素,再利用位置和几何关系绘制平面图或空间线架图形,并通过修剪、倒圆角等工具做最后的修饰,剪掉不需要的图素。

很多复杂的图形都是由基本的点、线、圆、曲线按照一定的规律和位置排列而成的。因此,掌握了基本的图素绘制与编辑技巧,也就掌握了图形的绘制技巧。

 学习目标

❖ 理解点在造型中的重要作用。

❖ 熟练掌握直线、圆和圆弧的操作技巧。

❖ 在有相切条件或多圆弧相切条件下,学会利用切弧。

❖ 掌握矩形、椭圆、多边形等图形的操作。

❖ 掌握一般性的曲线绘制操作。

❖ 掌握几种修剪和打断命令的运用。

❖ 掌握倒圆角和倒角的运用。

❖ 理解修剪和延伸之间的联系。

本章教学视频

2.1 二维图形的绘制

二维图形包括点、直线、圆弧、矩形、椭圆、正多边形、螺旋线、曲线等。下面将介绍这些图形的绘制方法。

2.1.1 点

点是几何图素中最基本的元素。虽然点在实际建模中用得并不多，但是点的思想却贯穿整个建模和加工过程。点是创建其他所有图素的基础。下面将具体说明点的创建过程。

(1) 指定位置绘点。

绘点命令主要用于绘制鼠标位置点或在屏幕图素上捕捉的特殊点。操作步骤如下。

在选项卡中选择"线框"→"绘点"命令，在屏幕上单击或在屏幕图素上捕捉特殊点即可创建点，也可以直接输入点的坐标。

(2) 动态绘制点。

动态绘点命令用于在线段、圆、圆弧、曲线、曲面曲线、曲面及实体面等几何图素上动态绘制点。所有绘制的点都在选取的图素上。绘制动态点有两种方式，其操作步骤如下。

在对象上绘制任意位置点。在选项卡中选择"线框"→"绘点"→"动态绘点"命令，单击选中曲线，再移动鼠标指针到需要创建点的位置，单击，确定放置点。

在对象上绘制指定长度的点。在选项卡中选择"线框"→"绘点"→"动态绘点"命令，单击选中曲线，在"距离"栏输入参数，单击"确定"按钮，从线的起点位置开始的地方创建单点。

(3) 绘制曲线节点。

节点命令用于在曲线的节点处产生点。绘制节点的操作方法很简单，在选项卡中选择"线框"→"绘点"→"节点"命令，再在绘图区选取任意曲线，系统即自动将此曲线的节点全部创建出来。

(4) 绘制等分点。

等分绘点命令主要用于在已有的图素上创建等分点或者创建指定距离的点，用来等分某图素，即平均等分，或用距离来进行不平均等分某图素。在选项卡中选择"线框"→"绘点"→"等分绘点"命令，在绘图区选取曲线，在"点数"栏输入数量，单击"确定"按钮完成参数输入，系统便会根据参数生成等分点结果。

(5) 绘制端点。

端点命令能够将所有图素的端点自动绘制出来。此命令不需要选取对象，在选项卡中选择"线框"→"绘点"→"端点"命令，系统自动对屏幕上的所有图素添加端点。

(6) 绘制小圆心点。

小圆心点命令用于绘制小于指定半径的圆或圆弧的圆心点，可以用来寻找圆弧的圆心点。在选项卡中选择"线框"→"绘点"→"小圆点"命令，设置最大半径为过滤半径，再选取所有的圆和圆弧，单击"确定"按钮。

案例 2-1：绘制平面三角形

采用等分绘点命令绘制如图 2-1 所示的三角形。

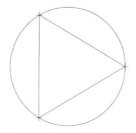

图 2-1　绘制圆内接三角形

操作步骤：

(1) 绘制圆。在选项卡中选择"线框"→"圆弧"→"已知点画圆"命令，再输入圆的直径为 40，单击"确定"按钮后完成圆的绘制，如图 2-2 所示。

(2) 创建等分点。在选项卡中选择"线框"→"等分绘点"命令，在绘图区选取圆，在"点数"栏输入 3，单击"确定"按钮完成参数输入，系统便会根据参数生成等分点结果，如图 2-3 所示。

图 2-2　绘制圆

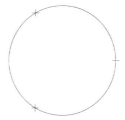

图 2-3　创建等分点

(3) 连接直线。在选项卡中选择"线框"→"线端点"命令，再单击"连续线"按钮，然后依次连接两相邻的等分点，即可完成绘制。

2.1.2　直线

Mastercam 提供了多种绘制直线的方式，在选项卡中选择"线框"找到绘制直线的命令。

(1) 通过两点绘制直线。

两点绘制直线命令可以通过任意两点创建一条直线，通过捕捉两个点或输入两个点的坐标可以创建两点直线。

(2) 绘制近距线。

近距线命令用于绘制两图素之间的最近距离线，在选项卡中选择"线框"→"绘线"→"近距线"命令，选取绘图区的两图素，系统即创建两图素之间最近距离的直线。

(3) 绘制平分线。

平分线命令用于绘制两相交直线的角平分线。平面内两条非平行线必然存在交点，并且形成夹角。

直线没有方向性，因此由两条相交直线组成的夹角共有 4 个，产生的角平分线当然也应该有 4 种，所以需要用户选择所需要的平分线。在选项卡中选择"线框"→"绘线"→"平分线"命令，选取两条线，系统便会根据选取的直线位置绘制出角平分线。

(4) 绘制垂直正交线。

垂直正交线命令是过某图素上一点，绘制一条图素在该点处的法向线。在选项卡中选择"线框"→"绘线"→"垂直正交线"命令，选取一条图素，系统便会根据选取的直线位置绘制出垂直正交线。

(5) 绘制平行线。

平行线命令是在已有直线的基础上，绘制一条与之平行的直线。偏移的方向是已知直线的法线方向。选择"线框"→"绘线"→"平行线"命令，选取一条图素，输入补正距离即可完成平行线的绘制。

(6) 创建切线通过点相切。

通过点相切命令用于创建圆或曲线的切线且经过圆或曲线上指定的切点。在选项卡中选择"线框"→"绘线"→"通过点相切"命令，选取一个圆或一条曲线，选择切点，输入长度即可完成切线的绘制。

案例 2-2：绘制平行线

采用平行线命令绘制如图 2-4 所示的图形。

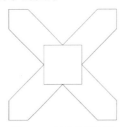

图 2-4　绘制平行线

操作步骤：

(1) 绘制矩形。在选项卡中选择"线框"→"形状"→"矩形"命令，输入矩形的尺寸为 80×80，选取定位点为原点，如图 2-5 所示。

(2) 绘制线。在选项卡中选择"线框"→"绘线"→"线端点"命令，再选取矩形的对角点进行连线，连线结果如图 2-6 所示。

图 2-5　绘制矩形　　　　　　　图 2-6　绘制线

(3) 绘制平行线。在选项卡中选择"线框"→"绘线"→"平行线"命令，再选取矩形的对角线作为要偏移的线，偏移方向选择双向，在"补正距离"栏输入偏移距离 10，绘制平行线，结果如图 2-7 所示。

 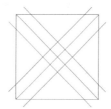

图 2-7　绘制平行线

(4) 修剪。在选项卡中选择"线框"→"修剪"→"分割"命令，单击要修剪的图素，修剪结果如图 2-8 所示。

(5) 绘制线。在选项卡中选择"线框"→"绘线"→"线端点"命令，长度任意，绘制结果如图 2-9 所示。

 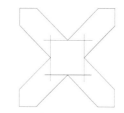

图 2-8　修剪　　　　　　　图 2-9　绘制水平线和竖直线

(6) 修剪。在选项卡中选择"线框"→"修剪"→"分割"命令，单击要修剪的图素，修剪结果如图 2-4 所示。

2.1.3　圆和圆弧

Mastercam 系统提供了多种绘制圆弧的工具，包括圆和圆弧两大类。采用这些命令可以绘制绝大多数有关圆弧的图形。

(1) 已知点画圆。

通过圆心点绘制圆是最基本的绘制圆的方式，具体分为以下几种方式：定义圆心点的位置和半径值来确定圆；定义圆心点的位置和直径值来确定圆；定义圆心点的位置和圆上任意一个已知点来确定圆，圆上点间接提供了半径值；定义圆心点的位置和相切条件来确定圆。

(2) 极坐标画弧(以圆心为极点)。

极坐标画弧通过以圆心点为极点，圆半径为极径，圆弧的起点为极坐标起始点，圆弧终点为极坐标终点的方式绘制圆弧。

(3) 已知边界点画圆。

已知边界点画圆包括两点画圆、三点画圆、两点相切画圆、三点相切画圆。三点画圆是通过圆上三点来确定一个圆，三点可以确定一个圆，而且是唯一的一个圆。两点画圆是通过选取两点来确定圆，两点之间的距离即为直径。

(4) 三点画弧。

三点画弧与三点画圆非常类似，是通过三点来确定一圆弧。如果与相切进行组合，可以绘制三切弧。

(5) 端点画弧。

端点画弧是通过两端点和输入的半径值来确定一圆弧。

(6) 极坐标端点画弧。

极坐标端点画弧与极坐标画弧(以圆心为极点)类似，极坐标画弧需要确定圆心点，极坐标端点画弧需要确定起始点。

(7) 切弧。

切弧是专门用来绘制与某图素相切的圆弧。切弧包括单一物体切弧、通过点切弧、中心线、动态切弧、三物体切弧、三物体切圆、两物体切弧 7 种形式。

案例 2-3：已知圆心点画圆

采用已知点画圆命令绘制如图 2-10 所示的图形。

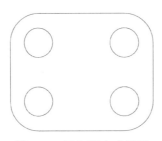

图 2-10　已知圆心点画圆

操作步骤：

(1) 绘制圆。在选项卡中选择"线框"→"圆弧"→"已知点画圆"命令，将圆半径进行限定，然后输入半径 20，再依次输入圆心点坐标(30, 40)、(−30, 40)、(−30, 0)、(30, 0)，结果如图 2-11 所示。

(2) 绘制直线。在选项卡中选择"线框"→"绘线"→"线端点"命令，并选择"四等分点"的手动捕捉方式，结果如图 2-12 所示。

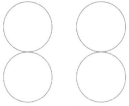

图 2-11　绘制圆　　　　　　　　　图 2-12　绘制直线

(3) 修剪。在选项卡中选择"线框"→"修剪"→"分割"命令，单击要修剪的图素，修剪结果如图 2-13 所示。

(4) 绘制圆。在选项卡中选择"线框"→"圆弧"→"已知点画圆"命令，将圆的半径进行限定，然后输入半径 10，再依次选取先前绘制圆的圆心点，结果如图 2-14 所示。

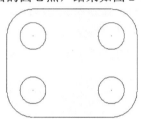

图 2-13　修剪　　　　　　　　　　图 2-14　绘制圆

案例 2-4：绘制极坐标圆弧

采用极坐标画弧命令绘制如图 2-15 所示的图形。

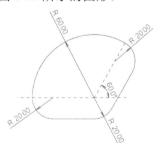

图 2-15　绘制圆弧

操作步骤：

(1) 绘制圆弧。在选项卡中选择"线框"→"圆弧"→"极坐标画弧"命令，选择原点为圆心，输入半径 60，在"起始角度"栏输入 60º，在"结束角度"栏输入 180º，单击"确定"按钮，完成圆弧的绘制，如图 2-16 所示。

(2) 绘制圆弧。在选项卡中选择"线框"→"圆弧"→"极坐标画弧"命令，输入半径 20，在"起始角度"栏输入 180º，在"结束角度"栏输入 270º，输入坐标(-40, 0)，单击"确

定"按钮，完成圆弧的绘制，如图 2-17 所示。

(3) 绘制圆弧。在选项卡中选择"线框"→"圆弧"→"极坐标画弧"命令，输入半径 20，在"起始角度"栏输入 270º，在"结束角度"栏输入 60º，选择原点为圆心，单击"确定"按钮，完成圆弧的绘制，如图 2-18 所示。

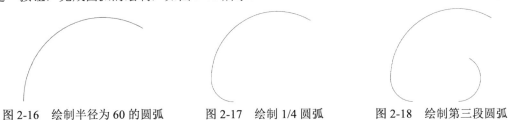

图 2-16　绘制半径为 60 的圆弧　　　图 2-17　绘制 1/4 圆弧　　　图 2-18　绘制第三段圆弧

(4) 绘制直线。在选项卡中选择"线框"→"绘线"→"线端点"命令，选择 R60 的圆弧的起点和圆心，并将直线的长度修改为 20，如图 2-19 所示。

(5) 绘制圆弧。在选项卡中选择"线框"→"圆弧"→"极坐标画弧"命令，输入半径 20，在"起始角度"栏输入 270º，在"结束角度"栏输入 60º，捕捉刚才绘制的直线的终点为圆心点，单击"确定"按钮，完成圆弧的绘制，如图 2-20 所示。

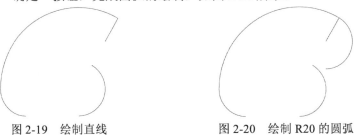

图 2-19　绘制直线　　　　　　　　图 2-20　绘制 R20 的圆弧

(6) 绘制直线。在选项卡中选择"线框"→"绘线"→"线端点"命令，如图 2-21 所示。

(7) 修剪。在选项卡中选择"线框"→"修剪"→"分割"命令，单击要修剪的图素，修剪结果如图 2-22 所示。

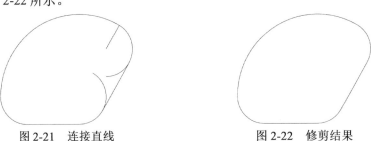

图 2-21　连接直线　　　　　　　　图 2-22　修剪结果

2.1.4　矩形

矩形是由 4 条线段首尾相连围成的封闭四边形。在绘图过程中，很多图形中都存在矩形。采用矩形命令，可以快捷方便地绘制矩形，避免了使用直线绘制的烦琐过程。

根据不同的矩形形状，有以下两种绘制方式。

(1) 标准矩形：以中心定位或者以矩形对角定位的方式来绘制矩形。标准矩形的形状是固定不变的，有对角线定位的，也有中心定位的。

(2) 圆角矩形：以矩形中心或边角特殊点来定位矩形，并且可以设置矩形的多种形状。利用圆角矩形命令可以绘制标准矩形、矩圆形、单 D 形和双 D 形 4 种。

此外，矩形形状设置的定位点不仅可以中心定位，还可以在矩形的 9 个特殊点处进行定位。在选项卡中选择"线框"→"形状"→"圆角矩形"命令，系统弹出"矩形形状"对话框，如图 2-23 所示。

图 2-23　矩形形状设置

案例 2-5：创建矩形

采用矩形命令绘制如图 2-24 所示的图形。

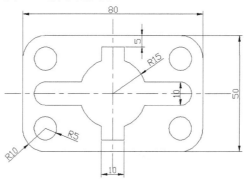

图 2-24　创建矩形

操作步骤:

(1) 绘制矩形。在选项卡中选择"线框"→"形状"→"矩形"命令,选择矩形中心点,以原点为定位点,再输入长为90、宽为60,结果如图2-25所示。

(2) 绘制矩形。在选项卡中选择"线框"→"形状"→"矩形"命令,选择矩形中心点,以原点为定位点,再输入长为60、宽为10,结果如图2-26所示。

图 2-25　绘制矩形 1　　　　　　　　　　图 2-26　绘制矩形 2

(3) 绘制矩形。在选项卡中选择"线框"→"形状"→"矩形"命令,选择矩形中心点,以原点为定位点,再输入长为10、宽为40,结果如图2-27所示。

(4) 绘制圆。在选项卡中选择"线框"→"圆弧"→"已知点画圆"命令,选择原点为圆心,输入半径为15,结果如图2-28所示。

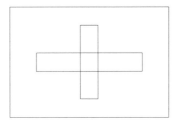
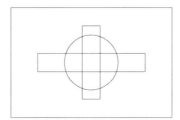

图 2-27　绘制矩形 3　　　　　　　　　　图 2-28　绘制圆

(5) 倒圆角。在选项卡中选择"线框"→"修剪"→"图素倒圆角"命令,输入倒圆角半径为10,再选择要倒圆角的直线,结果如图2-29所示。

(6) 绘制圆。在选项卡中选择"线框"→"圆弧"→"已知点画圆"命令,对圆半径进行限定,然后输入半径为5,再依次选择倒圆角圆弧的圆心和矩形左右边线中点为圆心,结果如图2-30所示。

(7) 修剪。在选项卡中选择"线框"→"修剪"→"分割"命令,选择要修剪的图素,结果如图2-31所示。

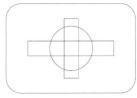
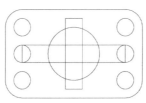
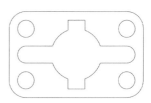

图 2-29　倒圆角　　　　　　图 2-30　绘制圆　　　　　　图 2-31　修剪

2.1.5　椭圆

椭圆是由平面以某种角度切割圆锥所得截面的轮廓线，是圆锥曲线的一种。在选项卡中选择"线框"→"形状"→"椭圆"命令，系统弹出"椭圆"对话框，如图 2-32 所示。

图 2-32　"椭圆"对话框

案例 2-6：绘制椭圆

采用椭圆命令绘制如图 2-33 所示的图形。

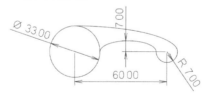

图 2-33　绘制椭圆

操作步骤：

(1) 绘制圆。在选项卡中选择"线框"→"圆弧"→"已知点画圆"命令，选择原点为圆心，输入半径为 16.5，输入圆心点坐标为(60,0)，再输入半径 7，绘制圆的结果如图 2-34 所示。

(2) 绘制直线。在选项卡中选择"线框"→"绘线"→"线端点"命令，再选取两圆的中点进行连线，连线结果如图 2-35 所示。

图 2-34　绘制圆　　　　　　　　　　图 2-35　绘制直线

（3）绘制椭圆。在选项卡中选择"线框"→"形状"→"椭圆"命令，选取直线中点为椭圆圆心，再选取小圆的中点为长半轴端点，输入短半轴长为 7，结果如图 2-36 所示。

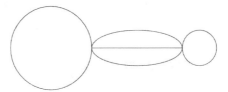

图 2-36　绘制椭圆

（4）绘制椭圆。在选项卡中选择"线框"→"形状"→"椭圆"命令，选择原点为椭圆圆心，再选择小圆的零点为长半轴端点，大圆 90° 象限点为短半轴端点，结果如图 2-37 所示。

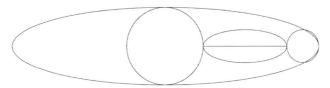

图 2-37　绘制椭圆

（5）修剪。在选项卡中选择"线框"→"修剪"→"分割"命令，选择要修剪的图素，结果如图 2-38 所示。

图 2-38　修剪

2.1.6　多边形

正多边形命令用于绘制边数为 3～360 的正多边形，要启动多边形命令，在选项卡中选择"线框"→"形状"→"多边形"命令，系统即可弹出"多边形"对话框，如图 2-39 所示。

图 2-39　"多边形"对话框

案例 2-7：创建多边形

采用多边形命令绘制如图 2-40 所示的图形。

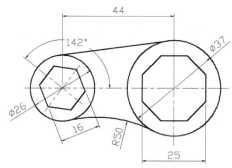

图 2-40　多边形

操作步骤：

(1) 绘制圆。在选项卡中选择"线框"→"圆弧"→"已知点画圆"命令，选择原点为圆心，输入半径为 13，绘制 $\phi26$ 的圆。输入圆心点坐标为(44,0)，再输入半径 18.5，绘制 $\phi37$ 的圆，结果如图 2-41 所示。

(2) 绘制切线。在选项卡中选择"线框"→"绘线"→"线端点"命令，选择"相切"选项，选取两圆的切点进行连线，结果如图 2-42 所示。

图 2-41　绘制圆

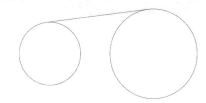

图 2-42　绘制切线

(3) 倒圆角。在选项卡中选择"线框"→"修剪"→"图素倒圆角"命令，采用不修剪图素，输入倒圆角半径为 50，再选择要倒圆角的两圆，结果如图 2-43 所示。

(4) 绘制外切六边形与外切八边形。在选项卡中选择"线框"→"形状"→"多边形"命令，输入边数为 6，半径为 8，旋转 142°，以原点为定位中心，完成外切六边形的绘制。输入边数为 8，半径为 12.5，旋转 0°，以 R18.5 圆的圆心为定位中心，完成外切八边形的绘制，结果如图 2-44 所示。

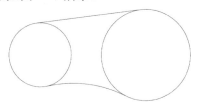

图 2-43　倒圆角

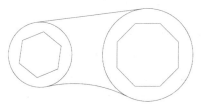

图 2-44　绘制多边形

2.1.7 螺旋线

螺旋线命令常用于绘制不标准弹簧或盘绕线，通常采用扫描曲面或扫描实体工具进行扫描。螺旋线有以下两种形式。

(1) 平面螺旋线：通过俯视图和侧视图定义螺旋节距，节距可变。

要启动平面螺旋命令，在选项卡中选择"线框"→"形状"→"平面螺旋"命令，系统即可弹出"螺旋形"对话框，如图 2-45 所示。

各选项含义如下。

◇ 半径：用来设置螺旋线的内圈半径值。
◇ 高度：用来设置螺旋线的总高度。
◇ 圈数：用来设置螺旋线的圈数。

(2) 锥度螺旋线：通过固定节距定义的标准螺旋线，可以设置锥度。锥度螺旋线通常用来绘制螺纹和标准等距弹簧，螺旋线只是做弹簧所需要的线，还需要通过实体工具或曲面工具扫描成实体或曲面。

要启动螺旋线(锥度)命令，在选项卡中选择"线框"→"形状"→"螺旋线(锥度)"命令，系统即可弹出"螺旋"对话框，如图 2-46 所示。

图 2-45　"螺旋形"对话框

图 2-46　"螺旋"对话框

各选项含义如下。

◇ 半径：用来设置螺旋线的半径。
◇ 高度：用来设置螺旋线的总高度。
◇ 圈数：用来设置螺旋线的圈数。
◇ 间距：用来设置螺旋线的间距。

◇　锥度角：用来设置螺旋线的锥度角。

案例 2-8：绘制弹簧

采用螺旋线命令绘制如图 2-47 所示的弹簧。

图 2-47　弹簧

操作步骤：

(1) 绘制螺旋线。在选项卡中选择"线框"→"形状"→"平面螺旋"命令，系统弹出"螺旋形"对话框，在该对话框中设置半径为 30，垂直间距的初始值和最终值为 25，圈数为 5，高度自动计算为 125，单击"确定"按钮，完成螺旋线的绘制，如图 2-48 所示。

(2) 绘制圆。在选项卡中选择"线框"→"圆弧"→"已知点画圆"命令，输入半径为 6，选取螺旋线的端点作为圆心点，单击"确定"按钮，完成圆的绘制，如图 2-49 所示。

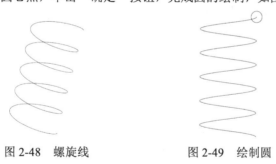

图 2-48　螺旋线　　　　　　　　图 2-49　绘制圆

(3) 绘制弹簧。在选项卡中选择"曲面"→"创建"→"扫描"命令，在"线框串连"对话框中选取刚绘制的圆作为扫描截面，选取螺旋线作为扫描轨迹，单击"确定"按钮，完成扫描曲面的绘制。

2.1.8　曲线

曲线命令用于绘制样条曲线，包括手动绘制曲线、自动绘制曲线、转成单一曲线、熔接曲线等，下面将分别进行讲解。

手动绘制曲线命令是通过鼠标直接捕捉曲线需要经过的点从而形成曲线。

自动绘制曲线命令用于系统自动选取某些点形成曲线，所选择的点(至少三个点)必须是已经存在的点，如图 2-50 所示。

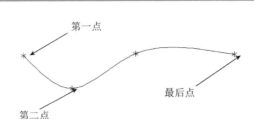

图 2-50 自动绘制曲线

转成单一曲线命令可以将现有的直线、连续线、圆弧等转换成单一的曲线。

熔接曲线命令是在两图素(直线、圆弧、曲线等)之间产生一条光顺过渡的曲线。通过熔接曲线绘制的光顺曲线，如图 2-51 所示。

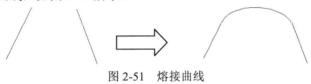

图 2-51 熔接曲线

2.2 二维图形的编辑

二维图形的编辑包括倒圆角、倒角、修剪、多物体修剪、连接图素、封闭全圆、打断成多段等，下面将对这些方法进行介绍。

2.2.1 倒圆角

倒圆角是将两相交图素(直线、圆弧或曲线)进行光顺连接，避免尖角的出现。倒圆角命令根据操作对象的不同有以下两种操作方式。

(1) 图素倒圆角：对两图素夹角进行光顺连接。在选项卡中选择"线框"→"修剪"→"图素倒圆角"命令，启动图素倒圆角功能。

(2) 串连倒圆角：对整个串连图素的所有拐角进行光顺连接。在选项卡中选择"线框"→"修剪"→"串连倒圆角"命令，启动图素倒圆角功能。

案例 2-9：创建倒圆角

采用串连倒圆角命令绘制如图 2-52 所示的图形。

操作步骤：

(1) 绘制五边形。在选项卡中选择"线框"→"形状"→"多边形"命令，输入边数为 5，半径为 50，选取原点为中心点。继续绘制正五边形，在"多边形"对话框中设置边数为 5，内接圆半径为 50，并设置旋转角度为 36º，选取原点为中心点，如图 2-53 所示。

图 2-52 串连倒圆角

(2) 修剪。在选项卡中选择"线框"→"修剪"→"分割"命令，单击要修剪的地方，结果如图 2-54 所示。

(3) 串连倒圆角。在选项卡中选择"线框"→"修剪"→"串连倒圆角"命令，输入倒圆角半径为 15，再选取整个串连，倒圆角结果如图 2-52 所示。

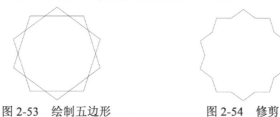

图 2-53　绘制五边形　　　　图 2-54　修剪

2.2.2　倒角

倒角命令用于对两相交图素的尖角进行倒直角处理。倒角命令根据操作对象的不同有以下两种操作方式。

(1) 倒角：对两图素进行倒直角。

(2) 串连倒角：对多个相连图素进行倒直角。

倒角是对零件上的尖角部位进行倒斜角的处理，在处理五金零件和车床上的零件时应用得比较多。不同类型的倒角定义方式如图 2-55 所示。

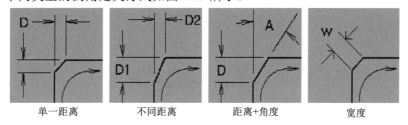

单一距离　　　　不同距离　　　　距离+角度　　　　宽度

图 2-55　倒角类型

2.2.3　修剪

修剪/打断/延伸命令用于对两个或多个相交的图素在交点处进行修剪，也可以在交点处进行打断或延伸。

(1) 修剪单一物体。

修剪单一物体是采用同一边界来修剪图素，选取的部分是保留的部分，没有选取的部分将被删除，先选的物体是要被修剪的物体，后选的物体是用来修剪的工具，如图 2-56 所示。

(2) 修剪两物体。

修剪两物体是使两图素(两图素之间相互作为边界)相互之间进行修剪或延伸，选取的部分是保留的部分，没有选取的部分将被修剪，如图 2-57 所示。

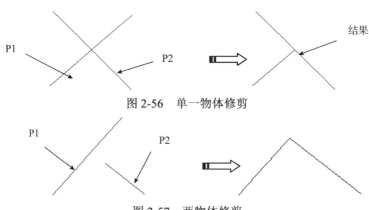

图 2-56 单一物体修剪

图 2-57 两物体修剪

(3) 修剪三物体。

三物体修剪是选取三个物体进行修剪，修剪的原理是一个三物体修剪相当于两个两物体修剪，即三物体修剪是第一物体和第三物体进行两物体修剪，同时，第二物体和第三物体进行两物体修剪，所得结果即是三物体修剪，如图 2-58 所示。

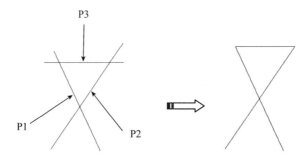

图 2-58 三物体修剪

(4) 分割。

分割是直接在边界上将图素进行分割修剪，如果没有边界，系统直接将图素删除。分割命令对于修剪简单的图形效率非常高，操作也比较便捷，如图 2-59 所示。

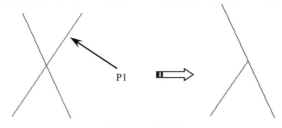

图 2-59 分割

(5) 修剪至点。

修剪至点是直接在图素上选取某点作为修剪位置，所有在此点之后的图素将全部被修剪，所有在此点之前的图素将全部延伸到此点终止，如图 2-60 所示。此修剪方式是最为灵活的修剪方法。

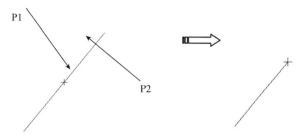

图 2-60　修剪至点

(6) 修改长度。

修改长度命令用来将图素延伸定长或缩短定长，如图 2-61 所示。

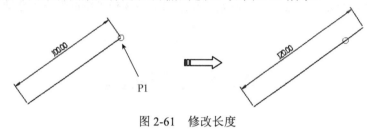

图 2-61　修改长度

案例 2-10：修剪

采用修剪命令绘制如图 2-62 所示的图形。

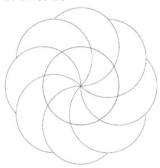

图 2-62　修剪

操作步骤：

(1) 绘制圆。在选项卡中选择"线框"→"圆弧"→"已知点画圆"命令，将圆半径进行限定，然后输入半径 17.5，再输入圆心点坐标(0,17.5)，绘制圆的结果如图 2-63 所示。

(2) 旋转。选取刚才绘制的圆，选择"工具"→"位置"→"旋转"命令，在"旋转"对话框中设置旋转类型为"移动"，次数为 8 次，角度为 45°，单击"确定"按钮，完成参数设置，系统便会根据参数生成图形，如图 2-64 所示。

(3) 修剪。在选项卡中选择"线框"→"修剪"→"分割"命令，单击要修剪的地方，结果如图 2-65 所示。

(4) 绘制圆。在选项卡中选择"线框"→"圆弧"→"已知点画圆"命令，选取原点为圆心，再输入直径为 35，绘制圆的结果如图 2-62 所示。

　　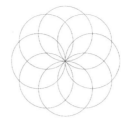　　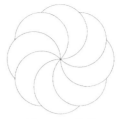

图 2-63　绘制圆　　　　　　图 2-64　旋转　　　　　　图 2-65　修剪

2.2.4　多物体修剪

多物体修剪命令是一次修剪多个图素，在选项卡中选择"线框"→"修剪"→"多图素修剪"命令，系统弹出"多物体修剪"对话框，如图 2-66 所示。

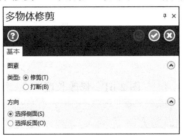

图 2-66　"多物体修剪"对话框

案例 2-11：多物体修剪

采用多物体修剪命令绘制如图 2-67 所示的图形。

操作步骤：

(1) 绘制圆。在选项卡中选择"线框"→"圆弧"→"已知点画圆"命令，选取原点为圆心，再输入直径为 50，绘制圆的结果如图 2-68 所示。

(2) 绘制线。在选项卡中选择"线框"→"绘线"→"线端点"命令，任意画一条直线，完成竖直线的绘制，如图 2-69 所示。

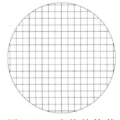

图 2-67　多物体修剪

(3) 继续绘制线。在选项卡中选择"线框"→"绘线"→"线端点"命令，任意画一条直线，完成横直线的绘制，如图 2-70 所示。

　　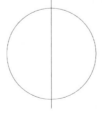　　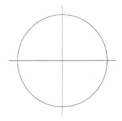

图 2-68　绘制圆　　　　图 2-69　绘制竖直线　　　　图 2-70　绘制横直线

(4) 平移复制直线。选中竖直线后，选择"工具"→"位置"→"平移"命令，数量输入 8，增量输入 2，选择双向，完成竖直线的平移复制，如图 2-71 所示。

(5) 继续平移复制直线。选中横直线后，选择"工具"→"位置"→"平移"命令，数量输入 8，增量输入 2，选择双向，完成横直线的平移复制，如图 2-72 所示。

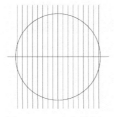
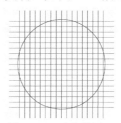

图 2-71　平移结果 1　　　　　　　　图 2-72　平移结果 2

(6) 多物体修剪。在选项卡中选择"线框"→"修剪"→"分割"命令，选择全部的直线作为修剪对象，单击"确定"按钮，再选取圆作为修剪边界，单击"确定"按钮，选取圆内部作为保留部分，系统即可完成对圆外部的修剪。

2.2.5　连接图素

连接图素命令用于将两个图素连接在一起，两个图素相互独立，但是必须具有某些共性。例如，直线必须共线；圆弧必须同心且半径相等；对于曲线，两曲线必须源自同一曲线，否则就不能连接在一起。

在选项卡中选择"线框"→"修剪"→"连接图素"命令，选取要连接的图素，单击"确定"按钮即可将图素连接在一起，如图 2-73 所示。

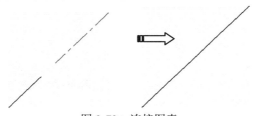

图 2-73　连接图素

2.2.6　封闭全圆

封闭全圆命令用于将圆弧恢复成整圆，圆弧具有整个圆的信息，因此，不管是多小的圆弧，都包含圆的半径和圆心点，所以，所有圆弧都可以恢复成整圆。

在选项卡中选择"线框"→"修剪"→"封闭全圆"命令，选取绘图区的圆弧，单击"结束选择"按钮即可将圆弧封闭成全圆，如图 2-74 所示。

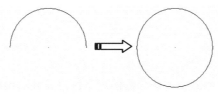

图 2-74　封闭全圆

2.2.7　打断全圆

打断全圆命令用于将整圆打断成多段圆弧，与封闭全圆是相反的。

在选项卡中选择"线框"→"修剪"→"打断全圆"命令，选取圆，单击"结束选择"按钮，在输入框中输入段数 3，即可将圆打断成 3 段，如图 2-75 所示。

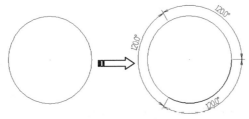

图 2-75　打断全圆

2.2.8　打断成多段

打断成多段命令用于将图素打断成多段线段，不管是圆还是曲线，都可以打断成直线段，而不是圆弧或曲线段。

在选项卡中选择"线框"→"修剪"→"打断成多段"命令，选择图 2-76 所示的圆后，系统弹出"打断成若干段"对话框，数量输入 8，单击"确定"按钮，结果如图 2-77 所示。

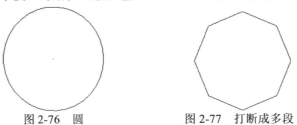

图 2-76　圆　　　　　　　图 2-77　打断成多段

2.3　转换图素

2.3.1　平移

平移命令用于将原始图素移动到另一个地方。选中需要平移的曲线后，选择"工具"→"位置"→"平移"命令，系统弹出"平移"对话框。"平移"对话框用来设置平移参数，可参考案例 2-11 的设置。

2.3.2　镜像

镜像图素命令主要用于绘制对称的几何图形，可以将几何图形以某一直线、两点、X 轴

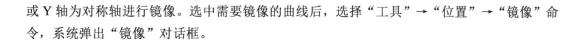

或 Y 轴为对称轴进行镜像。选中需要镜像的曲线后，选择"工具"→"位置"→"镜像"命令，系统弹出"镜像"对话框。

2.3.3　旋转

旋转命令用于将几何图形绕选取的点旋转一定的角度，选中需要旋转的曲线后，选择"工具"→"位置"→"旋转"命令，系统弹出"旋转"对话框，选项设置可以参考案例 2-10。

2.3.4　比例缩放

比例缩放命令用于将选取的图形以某点为基准进行缩放，可以设置等比例缩放，也可以设置不等比例缩放。选中需要缩放的曲线后，选择"工具"→"位置"→"缩放"命令，系统弹出"比例"对话框，设置缩放比例。

2.3.5　补正

补正命令用于对图素(可以是直线、圆、圆弧、曲线等)或对象，沿其法向方向偏移一定的距离。

补正命令根据操作对象的不同有以下两种方式。

(1) 单体补正：用于对单个图素(可以是直线、圆、圆弧、曲线等)，沿其法向方向进行偏移补正。

(2) 串连补正：用于对整个串连沿曲线法向进行偏移，与单体补正的区别是，串连补正是对整个串连而言的。

案例 2-12：补正

采用补正命令绘制如图 2-78 所示的图形。

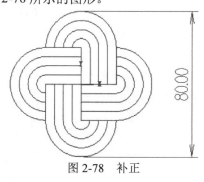

图 2-78　补正

操作步骤：

(1) 绘制圆。在选项卡中选择"线框"→"圆弧"→"已知点画圆"命令，输入圆心点坐标为(0,20)，再输入半径为 20，绘制圆的结果如图 2-79 所示。

(2) 绘制直线。在选项卡中选择"线框"→"绘线"→"线端点"命令，再选取圆的右象限点，绘制竖直向下、长度为 20 的直线，如图 2-80 所示。

(3) 修剪。在选项卡中选择"线框"→"修剪"→"修剪到点"命令，单击要修剪的图素后再单击要修剪的点，结果如图 2-81 所示。

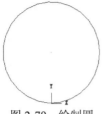

图 2-79　绘制圆

图 2-80　绘制直线

(4) 串连补正。选中图 2-81 所示的曲线后，选择"工具"→"补正"→"串联"命令，系统弹出"偏移串连"对话框，在对话框中输入补正距离为 5，数量为 4，类型为"复制"，单击"确定"按钮完成补正，如图 2-82 所示。

(5) 旋转。选中需要旋转的曲线后，选择"工具"→"位置"→"旋转"命令，系统弹出"旋转"对话框，在"旋转"对话框中单击旋转类型为"移动"，次数为 4 次，角度为 90º，单击"确定"按钮，完成参数设置，系统便会根据参数生成图形，结果如图 2-78 所示。

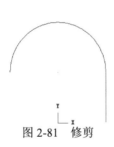

图 2-81　修剪

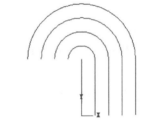

图 2-82　串连补正

2.3.6　投影

投影命令用于将选取的图形在当前构图面上投影一定的距离，或投影到指定的平面上，或投影到指定的曲面上。选中需要投影的曲线后，选择"工具"→"位置"→"投影"命令，系统弹出"投影"对话框，如图 2-83 所示。

图 2-83　"投影"对话框

2.3.7　缠绕

　　缠绕命令用于将选取的线架图形沿某一半径进行包络，可以缠绕成点、直线、曲线或圆弧。选取图素后，选择"工具"→"位置"→"缠绕"命令，系统弹出"线框串联"对话框，选择串连图素，单击"确定"按钮，系统弹出"缠绕"对话框，该对话框用来设置缠绕参数，如图 2-84 所示。

图 2-84　"缠绕"对话框

2.4　尺寸标注

2.4.1　尺寸标注概述

　　尺寸标注在工程图中起着非常重要的作用，尺寸标注的正确与否直接影响工程人员之间相互交流的效率，因此，要掌握好尺寸标注的一些基本原则和技巧。

尺寸标注的三要素：尺寸界线、尺寸线和尺寸数字。这 3 个部分都存在才算是完整的尺寸标注，如图 2-85 所示。

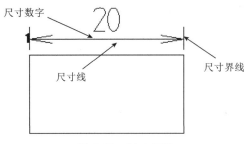

图 2-85　尺寸标注

尺寸标注是一项很难的、繁琐的工作，很容易出现尺寸遗漏、重复甚至错误的情况，尺寸一旦出现错误，会给加工带来很大的麻烦，导致工人无法加工，甚至产生废品，造成经济损失。掌握尺寸标注的一般原则，能减少错误的发生。

尺寸标注的一般原则如下。

◇　尺寸标注的首要原则是正确，其次才是美观。

◇　尺寸标注不能遗漏，也不能重复。

◇　尺寸尽量标注在基准上，不要标注无法加工的尺寸或间接进行计算的尺寸，避免造成累计误差。

◇　尺寸标注不能形成封闭尺寸链。

2.4.2　尺寸标注

Mastercam 系统提供了多种尺寸标注形式，要启动尺寸标注，可以在选项卡中选择"标注"命令，也可以直接在面板中单击相应的标注按钮，下面将分别进行讲解。

水平标注命令用于标注选取的两点之间的水平距离，在选项卡中选择"标注"→"水平标注"命令，即可调取水平标注命令，采用水平标注命令进行标注，结果如图 2-86 所示。

垂直标注命令用于标注两点之间的垂直距离，在选项卡中选择"标注"→"垂直标注"命令，即可调取垂直标注命令，采用垂直标注命令进行标注，结果如图 2-87 所示。

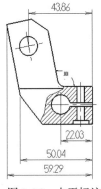

图 2-86　水平标注

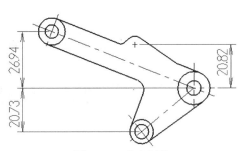

图 2-87　垂直标注

平行标注命令用于标注任意两点间的距离，且尺寸线平行于两点间连线，在选项卡中选择"标注"→"平行标注"命令，即可调取平行标注命令，采用平行标注命令进行标注，结果如图 2-88 所示。

角度标注命令用于标注两直线间或圆弧的角度值,在选项卡中选择"标注"→"角度标注"命令,即可调取角度标注命令,采用角度标注命令进行标注,结果如图 2-89 所示。

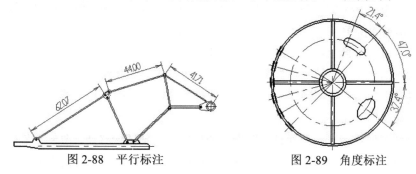

图 2-88　平行标注　　　　　　　　图 2-89　角度标注

相切标注用于标注某点与某圆弧相切的尺寸值,在选项卡中选择"标注"→"相切标注"命令,即可调取相切标注命令,采用相切标注命令进行标注,结果如图 2-90 所示。

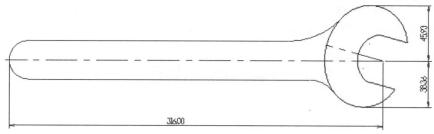

图 2-90　相切标注

2.4.3　图案填充

在工程图中为了表达内部信息,往往采用剖视图,因此,除了常用的标注外,还需要创建各种不同的图案填充。要启动图案填充命令,可以在选项卡中选择"标注"→"剖面线"命令,系统弹出"剖面线"对话框,采用填充命令进行绘制,结果如图 2-91 所示。

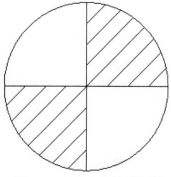

图 2-91　填充命令绘制结果

2.5　本章小结

　　本章主要讲解了基本的二维图形绘制技巧，包括点、线、圆和圆弧、矩形、椭圆、多边形、螺旋线等图形的绘制。其中点、线、圆是最基本的二维图素，也是构成图形的基本单元。通过对本章的学习，掌握一般二维图形的绘制技巧。

　　在绘制图形的过程中，熟练掌握图形的编辑，可以大大简化绘制图形的难度，提高绘制技巧。同时要掌握最常用的倒圆角、修剪、延伸等操作，这些操作是最基本的操作，同时也是编辑操作的最常用的命令。

　　本章还讲解了转换图素，即通过对图素的变换编辑，使图素移动、复制、旋转、缩放、补正、投影、阵列等，从而满足用户的要求。转换编辑在实际工作中使用得非常多，因此，需要对本知识点进行重点学习。

　　尺寸标注和图案填充是绘制二维图形的两项辅助工作。尺寸标注的主要工作是进行尺寸和文本的标注，以表达零件的各种参数。图案填充的主要任务是使用某种图案填充到空白的区域作为零件的剖切截面，以便更好地表达内部结构。

2.6　练习题

一、填空题

　　1．近距线命令用于绘制两图素之间的_____。

　　2．椭圆是由平面以某种角度切割_____所得截面的轮廓线。

　　3．倒圆角是将两相交图素(直线、圆弧或曲线)进行_____，避免尖角的出现。

　　4．倒角是对零件上的尖角部位_____处理，在处理五金零件和车床上的零件时应用得比较多。

　　5．镜像图素命令主要用于绘制对称的几何图形，可以将几何图形以某一直线、两点、X轴或Y轴为_____进行镜像。

　　6．补正命令用于对图素(可以是直线、圆、圆弧、曲线等)或对象，沿其_____方向偏移一定的距离。

　　7．尺寸标注包括_____、_____和_____3个部分。

　　8．在工程图中为了表达内部信息，往往采用_____，因此，除了常用的标注外，还需要创建各种不同的图案填充。

二、上机题

　　1．采用二维命令绘制如图2-92所示的平面图形。

　　2．采用二维编辑命令绘制如图2-93所示的图形。

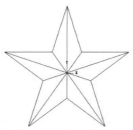

图 2-92　绘制结果 1

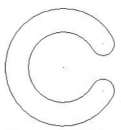

图 2-93　绘制结果 2

3．采用转换命令绘制如图 2-94 所示的图形。

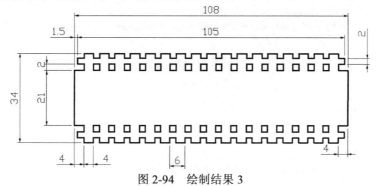

图 2-94　绘制结果 3

第 3 章
实体造型和实体编辑

实体造型是 Mastercam 造型中比较好用的功能，操作非常简单。本章主要讲解实体造型，涉及两部分内容：一部分为实体成型工具，即通过实体操作命令直接建模；另一部分是实体编辑命令，即在原有实体上进行编辑，获得另外造型的建模方式。

 学习目标

◇　掌握拉伸、切割等操作方法。
◇　掌握扫描、举升、牵引等操作方法。
◇　掌握镜像、旋转、复制等操作方法。
◇　掌握实体拔模、抽壳等操作。

本章教学视频

3.1　实体概述

实体是指三维封闭几何体，具有质量、体积、厚度等特性，占有一定的空间，由多个面组成。实体分两种，一种是上面所说的封闭实体，还有一种是片体。其实片体更像曲面，即薄片实体，它是一种特殊的实体，是零厚度、零体积、零质量的片体，带有曲面的特性。不过这种片体不能直接得到，它是不带任何参数的实体，如图 3-1 所示。

图 3-1　实体和片体

3.2　基本实体

基本实体包括圆柱体、圆锥体、立方体、球体、圆环体 5 种基本类型，如图 3-2 所示。

图 3-2　基本实体

基本实体的调取方法：在选项卡中选择"实体"→"基本实体"命令，再选择相应的实体。

3.2.1　圆柱体

圆柱体是矩形绕其一条边旋转一周而成的。在选项卡中选择"实体"→"基本实体"→"圆柱体"命令，系统弹出"基本圆柱体"对话框，该对话框用来设置圆柱体参数，如图 3-3所示。

3.2.2 圆锥体

圆锥体是一条母线绕其轴线旋转而成的，圆锥体底面为圆，顶面为尖点。在选项卡中选择"实体"→"基本实体"→"圆锥体"命令，系统弹出"基本圆锥体"对话框，该对话框用来设置圆锥体参数，如图 3-4 所示。

图 3-3 圆柱体参数　　　　　　　图 3-4 圆锥体参数

3.2.3 立方体

立方体的六个面都是长方形。在选项卡中选择"实体"→"基本实体"→"立方体"命令，系统弹出"基本立方体"对话框，该对话框用来设置立方体参数，如图 3-5 所示。

3.2.4 球体

球体是半圆弧沿其直径边旋转而成的。在选项卡中选择"实体"→"基本实体"→"球体"命令，系统弹出"基本球体"对话框，该对话框用来设置球体参数，如图 3-6 所示。定义球体半径和球中心定位点，即可确定球体的外形和位置。

3.2.5 圆环体

圆环体是指一截面圆沿一轴心圆进行扫描产生的圆环实

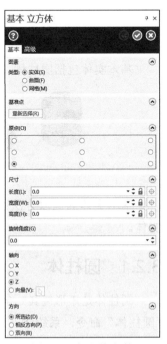

图 3-5 立方体参数

体。在选项卡中选择"实体"→"基本实体"→"圆环体"命令，系统弹出"基本圆环体"对话框，该对话框用来设置圆环体参数，如图 3-7 所示。

案例 3-1：创建基本实体

采用基本实体命令绘制如图 3-8 所示的色子图形。

操作步骤：

(1) 绘制立方体。在选项卡中选择"实体"→"基本实体"→"立方体"命令，系统弹出"基本立方体"对话框，选取类型为"实体"，设置长度为 20、宽度为 20、高度为 20，定位点为底面矩形的中心点，选取原点为定位点，结果如图 3-9 所示。

图 3-6　球体参数

图 3-7　圆环体参数

图 3-8　色子

(2) 绘制线。在选项卡中选择"线框"→"绘线"→"线端点"命令，再选取立方体面的对角点进行连线，连线结果如图 3-10 所示。

图 3-9　绘制立方体

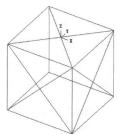

图 3-10　绘制线

（3）绘制球体。在选项卡中选择"实体"→"基本实体"→"球体"命令，系统弹出"基本球体"对话框，选取类型为"实体"，设置球半径为 4，选取定位点为顶面线的交点，结果如图 3-11 所示。

（4）绘制线。在选项卡中选择"线框"→"绘线"→"线端点"命令，选取构图面为前视图按钮，再选取立方体前面的对角点交点为起点绘制线，线长为 10，方式选择"中点"，结果如图 3-12 所示。

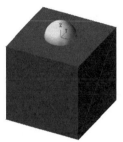
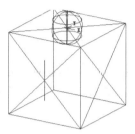

图 3-11　绘制球体　　　　　　　　　图 3-12　绘制线

（5）绘制球体。在选项卡中选择"实体"→"基本实体"→"球体"命令，系统弹出"基本球体"对话框，设置球半径为 3，选取定位点为刚绘制的直线端点，结果如图 3-13 所示。

（6）打断线。在选项卡中选择"线框"→"修剪"→"两点打断"命令，单击要打断的线，选择打断的点，结果如图 3-14 所示。

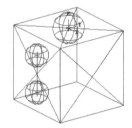

图 3-13　绘制球体　　　　　　　　　图 3-14　分割

（7）绘制球体。在选项卡中选择"实体"→"基本实体"→"球体"命令，系统弹出"基本球体"对话框，选取类型为"实体"，设置球半径为 2.5，选取定位点为刚打断的直线前后的中点，结果如图 3-15 所示。

（8）布尔切割运算。在选项卡中选择"实体"→"创建"→"布尔运算"命令，系统弹出"布尔运算"对话框，选取立方体实体为目标体，再选取余下的实体为工具实体，单击"确定"按钮后完成布尔切割运算，结果如图 3-16 所示。

（9）倒圆角。在选项卡中选择"实体"→"修剪"→"固定圆角半径"命令，选取整个实体，单击"确定"按钮后系统弹出"固定圆角半径"对话框，输入倒圆角半径为 1，单击"确定"按钮后完成倒圆角，结果如图 3-17 所示。

图 3-15　绘制球体

图 3-16　布尔切割

图 3-17　倒圆角

3.3　草绘成型实体工具

草绘成型实体工具主要是通过二维草绘截面成型为实体的操作工具,包括拉伸实体、旋转实体、扫描实体、举升实体。下面将详细讲解其操作方式和技巧。

3.3.1　拉伸实体

拉伸实体命令可以采用二维绘制的草图截面沿截面垂直方向拉伸一定的高度,或者产生薄壁拉伸。当存在基础实体时,拉伸实体命令还可以绘制挤出切割实体、薄壁切割实体或增加凸缘体等。

在选项卡中选择"实体"→"创建"→"拉伸"命令,选取拉伸串连,单击"确定"按钮后,系统弹出"实体拉伸"对话框,该对话框用来设置拉伸实体的相关参数,如图 3-18所示。

各选项含义如下。

◇　创建主体:只创建拉伸实体。

◇　切割主体:创建拉伸实体的同时和已有的实体做布尔减运算。

◇　添加凸台:创建拉伸实体的同时和已有的实体做布尔加运算。

◇　距离:指定拉伸距离。

◇　全部惯通:切割时全部穿透实体。

◇　两端同时延伸:双向同时拉伸。

◇　修剪到指定面:以指定的曲面来修剪拉伸的实体。

如果需要拉伸实体为薄壁件,还需要设置薄壁参数,在"实体拉伸"对话框中单击"高级"标签,可在"壁厚"选项组中设置薄壁参数,如图 3-19 所示。

图 3-18　实体拉伸

图 3-19　薄壁参数

案例 3-2：拉伸实体

采用拉伸命令绘制如图 3-20 所示的图形。

图 3-20　绘制图形

操作步骤：

(1) 绘制圆。在选项卡中选择"线框"→"圆弧"→"已知点画圆"命令，将圆半径进行限定，然后输入半径 20，选择坐标原点为圆心，结果如图 3-21 所示。

(2) 绘制拉伸实体。在选项卡中选择"实体"→"创建"→"拉伸"命令，在"线框串联"对话框中选择刚绘制的圆，单击"确定"按钮，选择"创建柱体"，设置距离为 50，结果如图 3-22 所示。

图 3-21　矩形选项　　　　　　　图 3-22　绘制拉伸实体

3.3.2　旋转实体

旋转实体命令能将选取的旋转截面绕指定的旋转中心轴旋转一定的角度产生旋转实体或薄壁件。在选项卡中选择"实体"→"创建"→"旋转"命令，选取旋转截面和旋转轴，系统弹出"旋转实体"对话框，该对话框用来设置旋转实体的相关参数，如图 3-23 所示。

图 3-23　旋转实体

各选项含义如下。

◇　创建主体：只创建旋转实体，不做任何布尔操作。

◇　切割主体：在创建旋转实体的同时，采用创建的实体切割现有的实体。

◇　添加凸缘：在创建旋转实体的同时，采用创建的实体作为工具体来和现有实体做布尔加运算。

◇　起始角度：输入旋转开始的角度。

◇　终止角度：输入旋转结束的角度。

3.3.3　扫描实体

扫描实体是采用截面沿指定的轨迹进行扫描形成实体。扫描截面必须封闭，否则扫描实体会失败，除非生成扫描薄壁件时截面才允许开放。在选项卡中选择"实体"→"创建"→"扫描"命令，选取扫描截面，确定后再选取扫描轨迹，系统弹出"扫描"对话框，该对话框用来设置扫描实体的相关参数，如图 3-24 所示(扫描实体的操作方法可以参考案例 2-8)。

图 3-24　"扫描"对话框

3.3.4　举升实体

举升实体命令能将选取的多个截面产生平滑过渡实体。在选项卡中选择"实体"→"创建"→"举升"命令，选取举升截面，确定后系统弹出"举升"对话框，该对话框用来设置举升实体参数，如图 3-25 所示。

图 3-25　举升实体

　　举升实体命令可以产生截面之间光顺过渡的实体，如图 3-26 所示；也可以产生截面之间直接过渡的直纹实体，如图 3-27 所示。

图 3-26　举升实体

图 3-27　直纹实体

3.4　实体布尔运算

　　实体布尔运算包括布尔结合、布尔切割和布尔交集，下面将详细讲解布尔运算法则。

3.4.1　布尔结合

　　布尔结合命令可以将两个以上的实体结合成一个整体的实体，在选项卡中选择"实体"→"创建"→"布尔运算"命令，系统提示选取目标体及工具体，类型选择"结合"，单击"确定"按钮即可将目标体和工具体合并成一个实体，如图 3-28 所示。

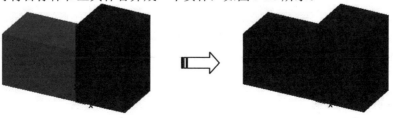

图 3-28　布尔结合

3.4.2　布尔切割

布尔切割命令可以采用工具实体对目标体进行切割，目标体只能有一个，工具体可以选取多个。在选项卡中选择"实体"→"创建"→"布尔运算"命令，系统提示选取目标体及工具体，类型选择"切割"，单击"确定"按钮即可将工具体切割目标体形成一个新实体，如图 3-29 所示(布尔切割的操作方法也可以参考案例 3-1)。

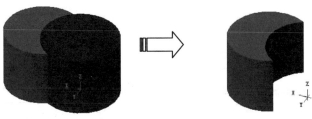

图 3-29　布尔切割

3.4.3　布尔交集

布尔交集命令可以将目标实体和工具实体进行求交操作，生成新物体为两物体相交的公共部分，在选项卡中选择"实体"→"创建"→"布尔运算"命令，系统提示选取目标体及工具体，类型选择"交集"，单击"确定"按钮即可将工具体和目标体相交形成一个新实体，如图 3-30 所示。

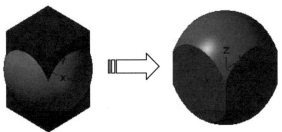

图 3-30　布尔交集

3.5　实体编辑

在绘制某些复杂的图形时，光有实体操作和布尔运算还不够，还需要使用实体倒圆角和倒角，以及实体抽壳、薄壁加厚、实体拔模等功能进行辅助编辑，这样才能达到想要的效果。

3.5.1　实体倒圆角

实体倒圆角命令可以对实体尖角部分进行圆角处理，以减少应力或避免伤人。在选项卡中选择"实体"→"修剪"→"固定半径倒圆角"或"变化倒圆角"命令，系统弹出"固定圆角半径"对话框，该对话框用来设置倒圆角参数，如图 3-31 所示。选取某条边后，单击"确定"按钮，完成倒圆角，如图 3-32 所示。

图 3-31　"固定圆角半径"对话框

图 3-32　倒圆角结果

3.5.2　面与面倒圆角

面与面倒圆角是对选取的面和面之间进行倒圆角，还可以倒椭圆角。在选项卡中选择"实体"→"修剪"→"面与面倒圆角"命令，系统弹出"面与面倒圆角"对话框，该对话框用来设置面倒圆角参数，如图 3-33 所示。

各参数含义如下。

◇　半径：直接输入半径进行倒圆角，此种方式与普通的边倒圆角一样。

◇　宽度：输入宽度值和两方向的跨度比来控制圆角，如果比值不为 1，则倒圆角为椭圆倒圆角。

◇　控制线：采用倒圆角公共边相对的两条边线作为控制线来控制圆角。

选取两面后，分别单击"确定"按钮，完成面倒圆角，如图 3-34 所示。

图 3-33　面倒圆角参数

图 3-34　面倒圆角结果

53

3.5.3 实体倒角

某些零件，特别是五金零件，尖角部分采用圆角过渡，用普通机床不方便加工，一般采用倒角。在选项卡中选择"实体"→"修剪"→"单一距离倒角""不同距离倒角"或"距离与角度倒角"命令，选取要倒角的边并单击"确定"按钮完成选取，系统弹出对应的倒角参数对话框。图 3-35 为"不同距离倒角"对话框，选取某条边后，输入倒角参数的距离数值，单击"确定"按钮完成倒角，图 3-36 所示。

图 3-35　实体倒角参数

图 3-36　倒角结果

案例 3-3：实体倒角

采用倒角命令绘制如图 3-37 所示的图形。

图 3-37　倒角

操作步骤：

(1) 绘制矩形 105×55。在选项卡中选择"线框"→"形状"→"圆角矩形"命令，系统弹出"矩形形状"对话框，该对话框用来设置矩形参数，设置矩形长为 105，宽为 55，以矩形下中点为锚点，选取系统坐标系原点作为定位点，单击"确定"按钮完成矩形绘制，如图 3-38 所示。

(2) 绘制矩形 50×15。在选项卡中选择"线框"→"形状"→"圆角矩形"命令，系统弹出"矩形形状"对话框，该对话框用来设置矩形参数，设置矩形长为 50，宽为 15，以矩形上中点为锚点，选取系统坐标系原点作为定位点，单击"确定"按钮完成矩形绘制，如图 3-39 所示。

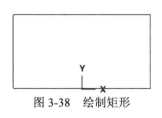

图 3-38　绘制矩形

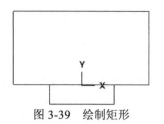

图 3-39　绘制矩形

(3) 创建拉伸实体，设置拉伸高度为 37。在选项卡中选择"实体"→"创建"→"拉伸"命令，系统弹出"线框串连"对话框，在该对话框中单击"串连"按钮，选取刚绘制的串连，单击"确定"按钮完成选取，系统弹出"实体拉伸"对话框，设置拉伸类型为"创建主体"，距离为 40，单击"确定"按钮完成拉伸实体操作，如图 3-40 所示。

图 3-40　创建拉伸实体

(4) 布尔结合。在选项卡中选择"实体"→"创建"→"布尔运算"命令，选取大实体为目标体，再选取小实体为工具体，单击"确定"按钮完成合并，合并后的实体为一个整体，如图 3-41 所示。

(5) 倒角 52.5×27。在选项卡中选择"实体"→"修剪"→"不同距离倒角"命令，选取要倒角的顶面右侧边，单击"确定"按钮后弹出"不同距离倒角"对话框，设置倒角距离 1 为 27，倒角距离 2 为 52.5，单击"确定"按钮完成倒角，如图 3-42 所示。

图 3-41　布尔结合

图 3-42　倒角

(6) 倒角 52.5×27。在选项卡中选择"实体"→"修剪"→"不同距离倒角"命令命令，选取要倒角的顶面左侧边，单击"确定"按钮后弹出"不同距离倒角"对话框，设置倒角距离 1 为 27，倒角距离 2 为 52.5，单击"确定"按钮完成倒角，如图 3-43 所示。

(7) 倒圆角。在选项卡中选择"实体"→"修剪"→"固定半径倒圆角"命令，选取要倒圆角的边，单击"确定"按钮后系统弹出"固定圆角半径"对话框，输入倒圆角半径为 5，单击"确定"按钮完成倒圆角，如图 3-44 所示。

图 3-43　倒角

图 3-44　倒圆角

3.5.4 实体抽壳

在塑料产品中，通常需要将产品抽成均匀薄壁，以利于产品均匀收缩，在选项卡中选择"实体"→"修剪"→"抽壳"命令，系统提示选取要移除的面，单击"确定"按钮后，系统弹出"抽壳"对话框，该对话框用来设置抽壳参数，如图 3-45 所示。

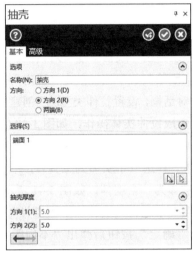

图 3-45 抽壳参数

各选项含义如下。

✧ 实体抽壳方向：用来定义实体抽壳掏空的方向，有"方向1""方向2""两端"3 种方式。

● 方向1：在实体表面向内偏移一定距离后，在偏移面内部全部掏空。

● 方向2：在实体表面向外偏移一定距离后，在实体面内部全部掏空。

● 两端：在实体表面向内和向外都偏移设定距离后，内偏移面内部的实体材料全部掏空。

✧ 方向1的抽壳厚度：实体面向内偏移的距离。

✧ 方向2的抽壳厚度：实体面朝外偏移的距离。

案例 3-4：实体抽壳

采用抽壳命令绘制如图 3-46 所示的图形。

操作步骤：

(1) 绘制立方体。在选项卡中选择"实体"→"基本实体"→"立方体"命令，系统弹出"基本立方体"对话框，在"基本立方体"对话框中，设置长度、宽度和高度均为 50，选取定位点为原点，单击"确定"按钮完成绘制，如图 3-47 所示。

(2) 实体抽壳。在选项卡中选择"实体"→"修剪"→"抽壳"

图 3-46 抽壳

命令，系统提示选取要移除的面，选取立方体前、顶、右侧面 3 个面，单击"确定"按钮，系统弹出"抽壳"对话框，选择方向 1，设置抽壳厚度为 5，单击"确定"按钮完成抽壳，如图 3-48 所示。

图 3-47　立方体

图 3-48　抽壳

(3) 继续实体抽壳。在选项卡中选择"实体"→"修剪"→"抽壳"命令，系统提示选取要移除的面，选取立方体左侧面和它的对面，单击"确定"按钮，系统弹出"抽壳"对话框，选择方向 1，设置抽壳厚度为 5，单击"确定"按钮完成抽壳，如图 3-49 所示。

图 3-49　抽壳结果

(4) 采用以上同样的步骤对后侧面和底侧面进行抽壳，结果如图 3-50 所示。

图 3-50　抽壳

提示

抽壳主要就是选取移除面，移除面不同，抽壳结果也有所不同，因此，要掌握好抽壳就要搞清楚该移除哪些面。

3.5.5　由曲面生成实体

由曲面生成实体命令能够将显示的曲面全部转化成实体。在选项卡中选择"实体"→"创建"→"由曲面生成实体"命令，系统弹出"由曲面生成实体"对话框，该对话框用来设置曲面转实体参数，设置参数后单击"确定"按钮，完成转化操作，生成实体，虽然外形没变，但是属性已经变成实体了，如图 3-51 所示。

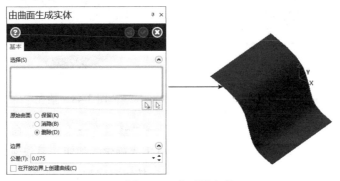

图 3-51　曲面转实体

3.5.6　薄片加厚

薄片加厚命令可以对开放的薄片实体进行加厚处理，形成封闭实体。

在选项卡中选择"实体"→"修剪"→"薄片加厚"命令，系统弹出"加厚"对话框，该对话框用来设置薄片加厚的参数，如图 3-52 所示。设置参数后单击"确定"按钮，完成加厚，如图 3-53 所示。

图 3-52　"加厚"对话框

图 3-53　薄片加厚结果

3.5.7　拔模

牵引实体面命令用于绘制塑料产品的脱模角度。塑料产品在脱模时，如果没有脱模角，就会导致脱模困难并刮伤产品表面，导致废品出现。在选项卡中选择"实体"→"修剪"→"拔模"命令，系统弹出"依照实体面拔模"对话框，该对话框用来设置拔模参数，如图 3-54

所示。选取正面作为要拔模的面，顶面作为方向平面，输入拔模角度为 5°，单击"确定"
按钮，结果如图 3-55 所示。

图 3-54　"依照实体面拔模"对话框　　　　图 3-55　拔模结果

 提示

拔模需要理解三点，第一点拔模面要选择倾斜的面，方便模具脱模；第二点拔模
方向即定义的开模方向；第三点中性平面即模具分型面。这样来理解再去拔模就比较
简单了。

3.5.8　修剪实体

修剪实体命令是对实体造型过程中不方便直接绘制的图形，采用平面修剪实体、曲面修
剪实体、薄片修剪实体来获得想要的结果。

在选项卡中选择"实体"→"修剪"→"依照平面修剪"或"修剪到曲面/薄片"命令，
系统弹出相应的对话框，该对话框用来设置修剪类型，如图 3-56 所示。

图 3-56　修剪实体

各选项含义如下。

◇ 平面：以平面作为修剪工具，采用平面来修剪实体。

◇ 曲面/薄片：以曲面/薄片作为修剪工具来修剪实体。

◇ 目标主体：需要修剪的主体。

3.6   本章小结

本章主要介绍了实体造型。实体的概念发展要比曲面晚，因此，实体造型目前没有曲面造型强大，但是，由于实体造型更加形象易懂，便于用户学习理解，所以，本书先介绍实体，再介绍曲面。实体主要是利用基本的拉伸、扫描、旋转、举升等，再利用布尔运算和其他的编辑操作，完成零件的绘制。

3.7   练习题

一、填空题

1．实体是指_____，具有质量、体积、厚度等特性，占有一定的空间，由多个面组成。

2．_____命令可以对实体尖角部分进行圆角处理，以减少应力或避免伤人。

3．实体布尔运算包括_____、_____和_____。

4．草绘成型实体工具包括_____、_____、_____、_____等。

二、上机题

1．采用基本实体命令和布尔运算绘制如图 3-57 所示的模型。

2．采用基本实体命令和布尔运算绘制如图 3-58 所示的模型。

3．采用基本实体命令和布尔运算绘制如图 3-59 所示的模型。

图 3-57 绘制结果 1

图 3-58 绘制结果 2

图 3-59 绘制结果 3

第 4 章
曲面造型和曲面编辑

曲面造型首先是构建空间曲线，再通过曲线构建曲面。曲面造型构建形式比较灵活，方法自由多变，能够满足复杂的工作需求。

 学习目标

    ❖ 掌握曲面的几种倒圆角方法。

    ❖ 掌握曲面修剪的操作方法及其运用。

    ❖ 能够采用恢复曲面、恢复修剪、填补内孔等曲面命令修补破面。

    ❖ 能够采用曲面熔接命令绘制简单的曲面。

本章教学视频

4.1 曲面造型

曲面造型主要通过空间线架来创建曲面。下面将详细讲解各种曲面造型工具的操作方法和技巧。

4.1.1 直纹曲面和举升曲面

直纹曲面命令可以将两个或两个以上的截面以直接过渡的方式形成直纹曲面，如图 4-1 所示。举升曲面命令是将两个或两个以上的截面以光顺过渡的方式形成举升曲面，如图4-2 所示。

要启动直纹或举升命令，可以在选项卡中选择"曲面"→"创建"→"举升"命令，系统弹出"线框串连"对话框，选取图素单击"确定"按钮，进入"直纹/举升曲面"对话框。

图 4-1　直纹曲面　　　　　　　　图 4-2　举升曲面

 提示

举升曲面要求至少将两个或两个以上的截面进行熔接，截面与截面之间的起始点对应，截面串联方向一致，而且在创建举升曲面时，系统为保证加工的安全性，不允许截面存在锐角，系统会自动对锐角进行圆角光滑处理。

4.1.2 旋转曲面

旋转曲面是将空间线架绕其旋转轴旋转而成的曲面。旋转轴必须是直的，可以是直线、虚线、直曲线。在选项卡中选择"曲面"→"创建"→"旋转"命令，即可调取该命令。下面以实例来说明旋转曲面的操作方式。

提示

旋转曲面要求旋转截面必须在旋转轴的两侧，以免产生的曲面有自交性，轴线只能是直线。

案例 4-1：旋转曲面

采用旋转曲面命令绘制如图 4-3 所示的漏斗模型。

操作步骤：

(1) 绘制直线。在选项卡中选择"线框"→"绘线"→"线端点"命令，系统提示选取第一点，选取原点作为直线的第一点，绘制一竖直线，长度不限，单击"确定"按钮完成旋转轴的绘制，如图 4-4 所示。

图 4-3　漏斗模型

(2) 绘制直线。在选项卡中选择"线框"→"绘线"→"线端点"命令，系统继续提示选取第一点，输入第一点的坐标(10, 0)，并输入长度为 100，角度为 85º，单击"确定"按钮完成直线绘制，如图 4-5 所示。

(3) 绘制直线。在选项卡中选择"线框"→"绘线"→"线端点"命令，选取刚绘制的直线终点，并输入直线长度为 80，角度为 30º，单击"确定"按钮完成绘制，如图 4-6 所示。

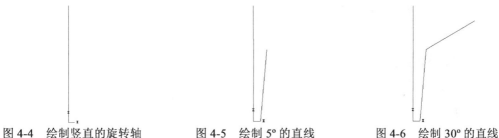

图 4-4　绘制竖直的旋转轴　　　图 4-5　绘制 5º 的直线　　　图 4-6　绘制 30º 的直线

(4) 绘制直线。在选项卡中选择"线框"→"绘线"→"线端点"命令，再继续选取刚绘制的直线终点作为起点绘制直线，输入长度为 20，直接绘制水平线，单击"确定"按钮完成直线绘制，如图 4-7 所示。

(5) 绘制倒圆角。在选项卡中选择"线框"→"修剪"→"图素倒圆角"命令，输入倒圆角半径为 10，选择需要倒圆角的图素，单击"确定"按钮完成绘制，如图 4-8 所示。

图 4-7　绘制直线　　　　　　图 4-8　倒圆角

(6) 在选项卡中选择"曲面"→"创建"→"旋转"命令，系统提示选取轮廓线，并弹出"串连选项"对话框，选取母线轮廓后，单击"确定"按钮，系统提示选取旋转轴，选取绘制的直线，单击"确定"按钮完成绘制，如图 4-9 所示。

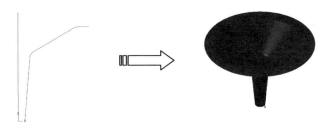

图 4-9　绘制的结果

4.1.3　扫描曲面

扫描曲面是将截面沿扫描轨迹进行扫描生成的曲面，在选项卡中选择"曲面"→"创建"→"扫描"命令，即可调取该命令。

 提示

利用扫描曲面命令可以创建单个截面沿单条轨迹扫描的曲面，两个截面沿一条轨迹扫描的曲面，以及单截面沿多条轨迹扫描的曲面。

4.1.4　网格曲面

网格曲面由一系列横向和纵向曲线组成的网格状结构来产生曲面，且横向和纵向曲线在3D空间上可以不相交，各个曲线端点也可以不重合。在操作方法上网格曲面变得非常人性化，直接框选线架就可以生成曲面，如图 4-10 所示。在选项卡中选择"曲面"→"创建"→"网格"命令，即可调取该命令。

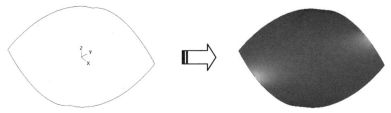

图 4-10　由线架生成网格曲面

 提示

网格曲面采用边界矩阵计算出空间曲面，操作方式灵活，曲面的边界线可以相互不连接、不相交。

采用网格曲面命令绘制如图 4-11 所示的果盘。

操作步骤:

(1) 绘制第一个六边形。在选项卡中选择"线框"→"形状"→"多边形"命令,在弹出的"多边形"对话框中设置多边形参数,多边形内接半径为 100mm,边数为 6,旋转角为 0°,定位点为(0,0,-10),如图 4-12 所示。

图 4-11　果盘

(2) 绘制第二个六边形。在选项卡中选择"线框"→"形状"→"多边形"命令,在弹出的"多边形"对话框中设置多边形参数,多边形内接半径为 100mm,边数为 6,旋转角为 30°,定位点为(0,0,10),如图 4-13 所示。

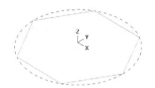

图 4-12　绘制多边形 1

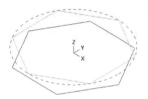

图 4-13　绘制多边形 2

(3) 绘制曲线。在选项卡中选择"线框"→"形状"→"多边形"命令,顺次连接各点,结果如图 4-14 所示。

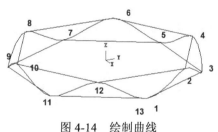

图 4-14　绘制曲线

(4) 转层。首先新建一个图层 2,将除刚才绘制的曲线以外的所有图素全部选中,在新建图层上单击鼠标右键,并在弹出的菜单中选择"移动选定的图素"选项,此时把图素移动到新图层上,如图 4-15 所示,图层 1 的图素为步骤(3)绘制的曲线,图层 2 的图素为步骤(1)和步骤(2)绘制的曲线。

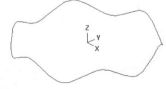

图 4-15　转层

(5) 绘制圆。在选项卡中选择"线框"→"圆弧"→"已知点画圆"命令,输入圆半径 R=50mm,定位点为(0,0,-40),结果如图 4-16 所示。

(6) 绘制直线。在选项卡中选择"线框"→"绘线"→"线端点"命令，连接刚绘制的圆的起点和中点，如图 4-17 所示。

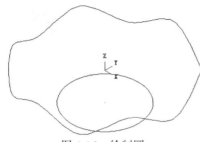

图 4-16　绘制圆

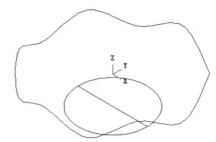

图 4-17　绘制直线

(7) 绘制切弧。在选项卡中选择"线框"→"绘线"→"切弧"命令，方式选择"动态切弧"，绘制切弧，如图 4-18 所示。

(8) 删除直线。将直线选中，按 Delete 键将直线删除。结果如图 4-19 所示。

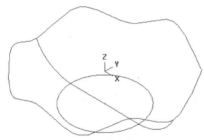

图 4-18　绘制切弧

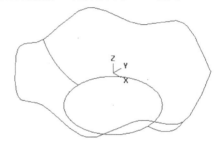

图 4-19　删除直线

 提示

此步骤绘制的两条圆弧主要是构造第二方向的曲线，此圆弧与底面是相切的，得到的曲面也与底面保持相切。

(9) 绘制网格曲面。在选项卡中选择"曲面"→"创建"→"网格"命令，框选所有曲线，绘制出的网格曲面如图 4-20 所示。

(10) 绘制平面修剪曲面。在选项卡中选择"曲面"→"创建"→"平面修剪"命令，选取底面圆作为边界，结果如图 4-21 所示。

(11) 转层。将所有线架全部选中，在图层 2 上单击鼠标右键，并在弹出的菜单中选择"移动选定的图素"选项，此时把线架图素转移动到图层 2 上，如图 4-22 所示。

图 4-20　绘制网格曲面

图 4-21　绘制平面修剪

图 4-22　绘制的结果

4.1.5　拉伸曲面

拉伸曲面是指一条封闭的线框沿与之垂直的轴线拉伸生成的曲面。拉伸曲面的截面线框必须是封闭的，如果未封闭，系统会提示用户封闭并自动进行封闭处理，如图 4-23 所示，圆缺口被系统用直线进行封闭。

在选项卡中选择"曲面"→"创建"→"拉伸"命令，选取拉伸串连并确定后，系统弹出"拉伸曲面"对话框，该对话框用来设置拉伸曲面参数，如图 4-24 所示。

图 4-23　封闭处理

图 4-24　拉伸曲面

各选项含义如下。

- ◇　串连：选取拉伸曲面的串连。
- ◇　基准点：设置拉伸曲面的基准点。
- ◇　高度：设置拉伸的高度。
- ◇　比例：设置拉伸曲面相对线框的缩放比例。
- ◇　旋转角度：设置拉伸曲面相对线框的旋转角度。
- ◇　偏移距离：设置拉伸曲面相对线框的补正距离。
- ◇　拔模角度：设置拉伸曲面的拔模角度。
- ◇　轴向：以 Z 轴或者 X、Y 轴作为拉伸方向。
- ◇　方向：选择拉伸方向。

4.1.6　拔模曲面

拔模曲面是将选取的某条线沿垂直某平面或一定的角度牵引出一段距离生成的曲面。在选项卡中选择"曲面"→"创建"→"拔模"命令，选取要拔模的串连并确定后，系统弹出

"曲面拔模"对话框，该对话框用来设置牵引曲面参数，如图 4-25 所示。

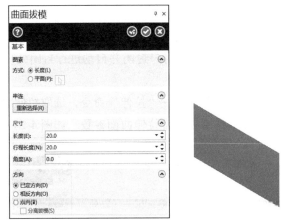

图 4-25　拔模曲面

 提示

　　引曲面是曲线沿构图面方向拉伸出的曲面，此曲面可以输入任意角度沿任意方向进行拉伸。

4.1.7　围篱曲面

　　围篱曲面是指采用某曲面上的线直接生成垂直于基础曲面或偏移一定角度的曲面。在选项卡中选择"曲面"→"创建"→"围篱"命令，系统弹出"围篱曲面"对话框，该对话框用来设置围篱曲面的参数，如图 4-26 所示。

图 4-26　围篱曲面

　　围篱曲面有 3 种类型：第一种是常数型围篱曲面，即生成起始端和终止端的高度都是常数，如图 4-27 所示；第二种是线性锥度型围篱曲面，即曲面的高度变化采用线性变化控制，如图 4-28 所示；第三种是立体混合型围篱曲面，即曲面高度变化采用三次方曲线的方式来控制，如图 4-29 所示。

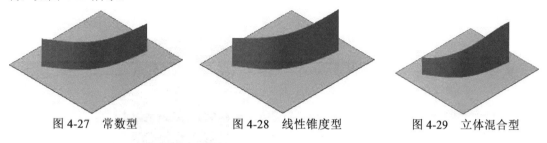

图 4-27　常数型　　　　　　图 4-28　线性锥度型　　　　　图 4-29　立体混合型

案例 4-3：围篱曲面

　　采用围篱曲面命令绘制如图 4-30 所示的风车。

操作步骤：

　　(1) 在绘图区单击鼠标右键，将视图设置为前视图。在选项卡中选择"线框"→"形状"→"圆角矩形"命令，系统弹出"矩形形状"对话框，该对话框用来设置矩形参数，在对话框中设置矩形长度为 50，宽度为 50，以矩形左中点为锚点，选取系统坐标系原点作为定位点，单击"确定"按钮完成矩形绘制，如图 4-31 所示。

图 4-30　风车

图 4-31　绘制矩形

(5) 图素转层。新建图层 2，并选取除刚才绘制的围篱曲面以外的所有图素，在图层 2 上单击鼠标右键，在弹出的菜单中选择"移动选定的图素"选项，如图 4-35 所示。

图 4-35　转层

(6) 设置构图面。在绘图区单击鼠标右键，将视图设置为俯视构图。

(7) 旋转图素。选取绘制的风车叶片，选择"工具"→"位置"→"旋转"命令，在弹出的"旋转"对话框中设置参数，绘制步骤及结果如图 4-36 所示。

图 4-36　旋转结果

提示

　　此处旋转采用移动方式，旋转 4 次总体的角度为 360°，不需要计算每两个角之间的旋转角度，此外，此处不能够复制 4 次总角度 360°，因为这样将会导致复制的结果是 5 张曲面，将有 1 张曲面是重复的。

4.1.8　平面修剪曲面

平面修剪曲面命令用于绘制平整的曲面，要求所选取的截面必须是二维的，可以不需要封闭，系统会提示用户，并自动进行封闭处理，如图 4-37 所示。

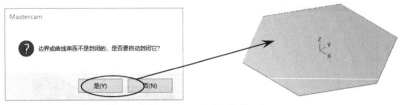

图 4-37　平面修剪曲面

在选项卡中选择"曲面"→"创建"→"平面修剪"命令，系统弹出"恢复到边界"对话框，如图 4-38 所示。

图 4-38　"恢复到边界"对话框

4.2　曲面编辑

通过曲线铺设曲面后，往往并不能满足造型的需要，因此常常需要通过一定的编辑，以达到目的。曲面的编辑有多种方式，包括曲面倒圆角、曲面修剪、曲面延伸、曲面熔接等操作。本章将详细讲解这些编辑方式。

4.2.1　曲面倒圆角

曲面倒圆角有 3 种形式：圆角到曲面、圆角到曲线、圆角到平面。这 3 种形式如图 4-39 所示。

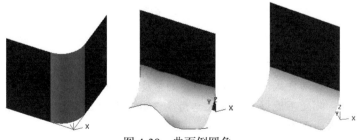

图 4-39　曲面倒圆角

1．圆角到曲面

圆角到曲面倒圆角是在两组曲面之间进行倒圆角，在选项卡中选择"曲面"→"修剪"→"圆角到曲面"命令，选取要倒圆角的曲面后，系统弹出"曲面圆角到曲面"对话框，该对话框用来设置倒圆角参数，如图 4-40 所示。

在进行倒圆角时需要先调整好曲面的法向方向，法向方向可以通过单击"修改"按钮来进行切换。

 提示

　　在进行曲面倒圆角时要注意，只有曲面的法向相交才可以产生圆角，因此，可以在设置好曲面法向方向后再进行倒圆角。用户可以在选项卡中选择"曲面"→"法向"→"设置法向"命令进行设置，或者选择"曲面"→"法向"→"更改法向"命令更改法向。

2．圆角到曲线

圆角到曲线倒圆角是在曲面和曲线之间进行倒圆角。在选项卡中选择"曲面"→"修剪"→"圆角到曲线"命令，选取要倒圆角的曲面和曲线后，系统弹出"曲面圆角到曲线"对话框，该对话框用来设置倒圆角参数，如图 4-41 所示。

图 4-40　圆角到曲面倒圆角

图 4-41　圆角到曲线倒圆角

3．圆角到平面

圆角到平面倒圆角是在曲面和系统坐标系组成的平面之间进行倒圆角。在选项卡中选择

"曲面"→"修剪"→"圆角到平面"命令，选取要倒圆角的曲面和系统平面后，系统弹出"曲面圆角到平面"对话框，该对话框用来设置倒圆角参数，如图 4-42 所示。

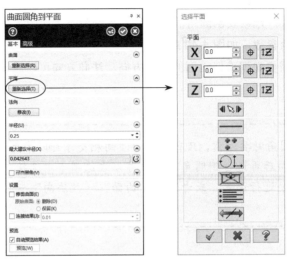

图 4-42　圆角到平面倒圆角

4.2.2　曲面补正

曲面补正是将选取的曲面沿曲面法向方向偏移一定的距离产生新的曲面，当偏移方向指向曲面凹侧时，偏移距离要小于曲面的最小曲率半径，偏移曲面如图 4-43 所示。

在选项卡中选择"曲面"→"创建"→"补正"命令，选取要补正的曲面后，系统弹出"曲面补正"对话框，如图 4-44 所示。

图 4-43　偏移曲面　　　　　　　图 4-44　"曲面补正"对话框

4.2.3　曲面延伸

曲面延伸是将选取的曲面沿曲面边界延伸指定的距离，如图 4-45 所示；或者延伸到指定的平面，如图 4-46 所示。

图 4-45　延伸指定距离　　　　　　图 4-46　延伸到指定平面

在选项卡中选择"曲面"→"修剪"→"延伸"命令，系统弹出"曲面延伸"对话框，该对话框用来设置要延伸的曲面和方式，如图 4-47 所示。

图 4-47　"曲面延伸"对话框

"曲面延伸"对话框中的线性延伸和非线性延伸是有区别的，线性延伸是沿原始曲面的切向方向直接进行延伸，而非线性是继续保持原始曲面的趋势进行延伸。线性延伸如图 4-48 所示，非线性延伸如图 4-49 所示。

图 4-48　线性延伸　　　　　　　　图 4-49　非线性延伸

4.2.4 曲面修剪

曲面修剪是利用曲面、曲线或平面来修剪另一个曲面。曲面修剪有 3 种方式：修剪到曲面、修剪到曲线、修剪到平面。下面将详细讲解。

1．修剪到曲面

在选项卡中选择"曲面"→"修剪"→"修剪到曲面"命令，即可弹出"修剪到曲面"对话框，如图 4-50 所示。

2．修剪到曲线

在选项卡中选择"曲面"→"修剪"→"修剪到曲线"命令，即可弹出"修剪到曲线"对话框，如图 4-51 所示。

图 4-50 "修剪到曲面"对话框　　　　图 4-51 "修剪到曲线"对话框

提示 --

曲面和曲线修剪的原理是使曲线沿构图面方向投影在曲面上，利用投影后的曲线再去修剪曲面，因此，当利用曲面和曲线进行修剪时构图面的设置是关键。

3．修剪到平面

修剪到平面是采用平面去修剪或分割选取的曲面。在选项卡中选择"曲面"→"修剪"→"修剪到平面"命令，即可弹出"修剪到平面"对话框，如图 4-52 所示。

图 4-52 "修剪到平面" 对话框

4.2.5 分割曲面

分割曲面命令是专门对曲面进行分割的操作。在选项卡中选择 "曲面" → "修剪" → "分割曲面" 命令,即可调取分割曲面命令,系统提示选取曲面,将箭头移动到想要分割的位置并单击,即可分割,如图 4-53 所示。

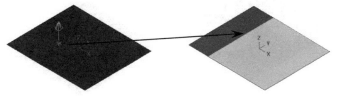

图 4-53 分割曲面

 提示

分割曲面是系统对曲面沿指定点处的曲面流线进行分割,相当于在指定点处创建曲面流线后使用曲面流线分割曲面。用户可以通过单击箭头来切换分割 U 方向和 V 方向。

4.2.6 曲面恢复

曲面恢复是将修剪后的曲面恢复为修剪前的状态或对修剪的局部区域进行恢复填补操作。下面将进行详细讲解。

1. 恢复修剪

恢复修剪命令是将被修剪的曲面还原为未修剪前的状态。在选项卡中选择 "曲面" → "修剪" → "恢复修剪" 命令,即可调取恢复修剪命令,恢复修剪曲面如图 4-54 所示。

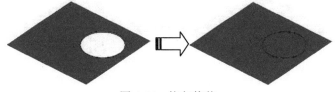

图 4-54 恢复修剪

提示

恢复修剪命令是一次性将选中的曲面完全恢复到初始没有修剪的状态，也就是此曲面中不管有多少次修剪操作，通过此命令可以完全恢复成原始状态下的完整曲面，因此，用户如果只想恢复其中一部分曲面，就不能使用此命令。

2．恢复到修剪边界

恢复到修剪边界是将修剪曲面的某一修剪边界进行恢复还原操作，可以是内边界，也可以是外边界。在选项卡中选择"曲面"→"修剪"→"恢复到修剪边界"命令，即可调取恢复到修剪边界命令，系统提示选取曲面，选取要恢复的曲面后，系统提示选取要恢复的边界，选取内边界，系统即可将内部恢复还原，如图 4-55 所示。

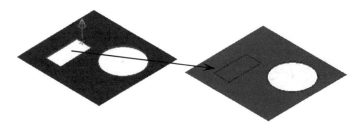

图 4-55　恢复边界

提示

恢复到修剪边界命令是对修剪曲面中的部分边界进行恢复，此命令提供了可供选择的机会，用户拖动箭头到需要恢复的修剪边界，即可对该修剪边界进行定向精准恢复。

3．填补内孔

填补内孔是对曲面内部的破孔进行填补，与恢复曲面内边界操作很类似，不过填补内孔之后的曲面跟原始曲面是两个曲面，而恢复操作是一个曲面。在选项卡中选择"曲面"→"修剪"→"填补内孔"命令，即可调取填补内孔命令，系统提示选取曲面，选取要填补内孔的曲面后，系统提示选取边界，移动箭头到要选取的内边界，系统即可将内部破孔填补，如图 4-56 所示。

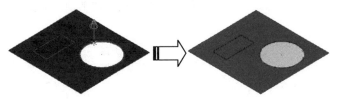

图 4-56　填补内孔

提示

　　填补内孔命令是将曲面内部的破孔进行修补填充，操作方式和恢复到修剪边界操作相同，唯一不同的是恢复到修剪边界得到的是和原来一样的单张曲面，而填补内孔是在原曲面的基础上创建一个填补孔曲面。

案例 4-4：填补内孔

　　对如图 4-57 所示的源文件模型进行填补内孔，结果如图 4-58 所示。

　　　　图 4-57　源文件模型　　　　　　　　　　图 4-58　填补结果

操作步骤：

　　(1) 打开源文件。在选项卡中选择"文件"→"打开"命令，打开"源文件/第 4 章/案例 4-4"。

　　(2) 填补内孔。在选项卡中选择"曲面"→"修剪"→"填补内孔"命令，选择破孔曲面，拉动箭头靠近破孔，在"填补内孔"对话框中，勾选"填补所有内孔"复选框，如图 4-59 所示。

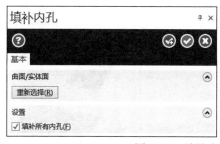　　

　　　　　　　　　　　　图 4-59　填补内孔

　　(3) 单击"确定"按钮，完成填补，结果如图 4-60 所示。

　　　　　　　图 4-60　填补结果

4.2.7　曲面熔接

曲面熔接是将两个曲面交接处采用光顺的曲面进行连接，使两曲面在交接处自然过渡。熔接方式有多种，下面将详细讲解各种熔接曲面的操作方法和技巧。

1．两曲面熔接

两曲面熔接命令可以将两个曲面光顺地熔接在一起，形成光顺的过渡。在选项卡中选择"曲面"→"修剪"→"两曲面熔接"命令，选取两个曲面，系统弹出"两曲面熔接"对话框，选择曲面，设置熔接参数完成操作，如图 4-61 所示。

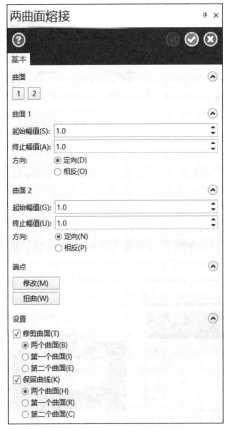

图 4-61　两曲面熔接

2．三曲面熔接

三曲面熔接命令可以将三个曲面光顺地熔接在一起，形成光顺的过渡。在选项卡中选择"曲面"→"修剪"→"三曲面熔接"命令，系统弹出"三曲面熔接"对话框，选取三个曲面，设置熔接参数完成操作，如图 4-62 所示。

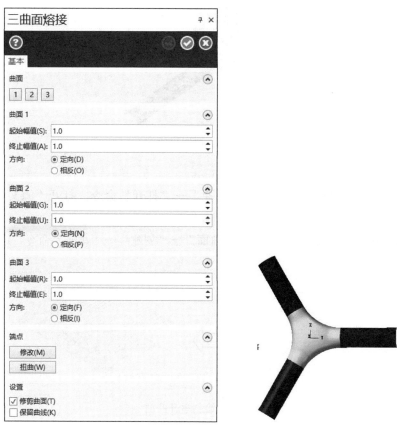

图 4-62　三曲面熔接

3．三圆角面熔接

三圆角面熔接命令可以将三个倒圆角曲面光顺地熔接在一起，形成光顺的过渡圆角。在选项卡中选择"曲面"→"修剪"→"三圆角面熔接"命令，系统弹出"三圆角面熔接"对话框，选取三圆角曲面，设置熔接参数完成操作，如图 4-63 所示。

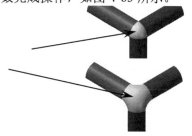

图 4-63　三圆角曲面熔接

案例 4-5：曲面熔接

用曲面熔接命令绘制如图 4-64 所示的模型。

图 4-64　曲面熔接

操作步骤:

(1) 打开源文件。在选项卡中选择"文件"→"打开"命令,打开"源文件/第 4 章/案例 4-5"。

(2) 绘制举升曲面。在选项卡中选择"曲面"→"创建"→"举升"命令,选取两圆弧,绘制举升曲面,如图 4-65 所示。

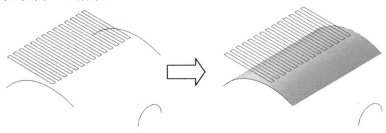

图 4-65　绘制举升曲面

(3) 绘制拔模曲面。在选项卡中选择"曲面"→"创建"→"拔模"命令,在绘图区单击鼠标右键,在弹出的对话框中选择右视图,选取要拔模的圆,输入长度为 200,单击"确定"按钮,完成拔模曲面绘制,如图 4-66 所示。

(4) 绘制曲面修剪。在绘图区单击鼠标右键,在弹出的对话框中选择俯视图,在选项卡中选择"曲面"→"修剪"→"修剪到曲线"命令,选取拔模曲面,再选取修剪曲线,单击"确定"按钮,然后选取要保留的区域,单击"确定"按钮,即完成修剪,结果如图 4-67 所示。

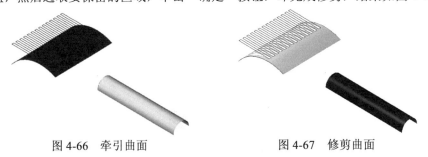

<table>
<tr><td align="center">图 4-66　牵引曲面</td><td align="center">图 4-67　修剪曲面</td></tr>
</table>

(5) 绘制曲面熔接。在选项卡中选择"曲面"→"修剪"→"两曲面熔接"命令,系统弹出"两曲面熔接"对话框,该对话框用来设置熔接参数,选取两曲面并将箭头拖到边界,单击即可。如果熔接方向不对,进行方向切换。参数设置及熔接结果如图 4-68 所示。

图 4-68　两曲面熔接

(6) 隐藏图素。在绘图区选取需要显示的曲面，按 Alt+E 组合键，系统即将没有选中的图素全部隐藏，结果如图 4-69 所示。

图 4-69　最终的熔接结果

 提示

两个曲面熔接时，起点选取时要对应，方向要一致，以免扭曲后无法熔接出用户想要的结果。如果选取正确，出现了扭曲，只需要更改熔接方向即可恢复。

4.3　本章小结

本章主要讲解了三维曲面基础和常用的曲面创建以及编辑方法。用户要掌握基础的曲面建构模型，如网格曲面、旋转曲面、扫描曲面和举升曲面，在遇到一些曲面的问题时，能够迅速地从大脑中调出这些模型，并能够从复杂的曲面中抽取部分曲面，也要学会运用编辑命令对曲面进行编辑和绘制。

4.4 练习题

一、填空题

1. 曲面造型主要是通过_____来创建曲面。

2. 曲面熔接是将两曲面交接处采用_____进行连接，使两曲面在交接处自然过渡。

3. 曲面造型方法包括_____、_____、_____、_____等。

4. 曲面编辑方法包括_____、_____、_____、_____等。

二、上机题

1. 采用曲面命令绘制图 4-70 所示的模型。

2. 采用曲面命令绘制图 4-71 所示的模型。

3. 采用曲面命令绘制图 4-72 所示的模型。

图 4-70　绘制结果 1　　　　图 4-71　绘制结果 2　　　　图 4-72　绘制结果 3

第 5 章
Mastercam 与数控加工

利用 Mastercam 加工零件，首先需要掌握 Mastercam 数控加工的基本功能、一般流程、工艺参数设置等，因此本章主要介绍自动编程的一般流程、刀具设置及路径编辑等。

 学习目标

- ❖ 了解 Mastercam 数控加工的一般流程。
- ❖ 掌握刀具和工件的设置方法，掌握加工操作管理与后处理操作。
- ❖ 掌握刀具路径编辑和加工报表的生成。

本章教学视频

5.1 数控加工编程的一般流程

Mastercam 数控加工的一般流程如图 5-1 所示。CAD 造型可以通过两种方式完成，一是通过 CAD 软件设计产品的 3D 模型，并导入到 Mastercam 中使用。另外一种是直接利用 Mastercam 完成产品的建模，建模方法参考第 2～4 章的内容。后处理过程就是生成数控加工设备可执行的代码，即 NC 文件。

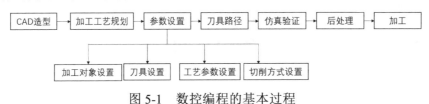

图 5-1 数控编程的基本过程

5.2 机床选择及定义

Mastercam 包括车削模块、铣削模块、线切割模块、木雕模块、设计模块 5 个模块，各模块都有完整的设计(CAD)功能，其中铣削模块和车削模块的应用最广泛。铣床模块可以实现外形铣削、挖槽加工、平面加工、钻孔加工、雕刻加工、曲面粗/精加工和多轴加工等加工方式；车床模块可实现粗车、精车、钻孔、车端面、沟槽和车螺纹等加工方式。

5.2.1 机床类型的选择

在"机床"选项卡中，可以查看机床类型，选择对应的机床进行数控加工。铣床、车床、线切割、木雕四个选项中，都有"默认"和"管理列表"两个选项可以选择，如图 5-2 所示。

图 5-2 机床类型

在选项卡中选择"机床"→"铣床"→"管理列表"命令，系统弹出"自定义机床菜单管理"对话框，如图 5-3 所示。

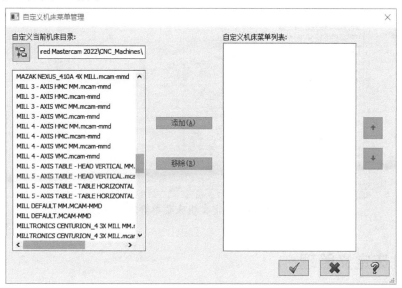

图 5-3　自定义机床菜单管理

铣床可以分为两大类：卧式铣床(主轴平行于机床台面)和立式铣床(主轴垂直于机床台面)。在"自定义机床菜单管理"对话框中，可以选择不同类型的铣床，常用的铣床设备有以下类型。

◇　MILL 3-AXIS HMC：3 轴卧式铣床。

◇　MILL 3-AXIS VMC：3 轴立式铣床。

◇　MILL 4-AXIS HMC：4 轴卧式铣床。

◇　MILL 4-AXIS VMC：4 轴立式铣床。

◇　MILL 5-AXIS TABLE- HEAD VERTICAL：5 轴立式铣床。

◇　MILL 5-AXIS TABLE- HEAD HORIZONTAL：5 轴卧式铣床。

◇　MILL DEFAULT：系统默认铣床。

在选项卡中选择"机床"→"车床"→"管理列表"命令，系统弹出"自定义机床菜单管理"对话框，如图 5-4 所示。在"自定义机床菜单管理"对话框中，可以选择车床的类型，车床主要有以下类型。

◇　LATHE 2-AXIS SLANT BED：两轴卧式车床。

◇　LATHE C-AXIS SLANT BED：C 轴卧式车床。

◇　LATHE MULTI-AXIS MILL-TURN ADVANCED 2-2：带 2-2 旋转台的多轴车床。

◇　LATHE MULTI-AXIS MILL-TURN ADVANCED 2-4：带 2-4 旋转台的多轴车床。

利用同样的操作可以选择线切割和木雕机床的类型，此处不再赘述。

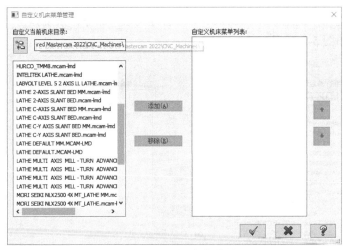

图 5-4　自定义机床菜单管理

5.2.2　机床定义管理

在选项卡中选择"机床"→"机床设置"→"机床定义"命令，系统弹出"CNC 机床类型"对话框，如图 5-5 所示。

图 5-5　"CNC 机床类型"对话框

各工具按钮含义如下。

◇　铣床：定义铣床组件。

◇　车床：定义车床组件。

◇　线切割：定义线切割机床组件。

◇　木雕：定义木雕机床组件。

◇　机器部件库：自定义机床组件库。

选择一种机床类型后，系统弹出"机床定义管理：文件未保存"对话框，如图 5-6 所示。

各参数意义如下。

◇　未使用的组件群组：用于显示当前机床未使用的组件，用户可以直接双击需要添加的机床组件。

◇　组件文件：用于显示当前组件文件的路径，并列出其包含的组件。

◇　说明：用于简单描述当前的机床信息。

◇　控制器定义：用于指定机床控制器。

◇　后处理：后处理器，用于指定系统的后处理器。

◇　机床配置：用于设定相应的机床类型、机床组件，其下拉列表中将显示相应的条目。

图 5-6　"机床定义管理：文件未保存"对话框

5.3　刀具设置

Mastercam 在生成刀具路径前，首先要选择加工时使用的刀具。按照零件的加工工艺，加工通常分为多个加工步骤，需要使用多把刀具，刀具的选取对加工的效率和质量影响很大。

5.3.1　刀具管理器

在选项卡中选择"刀路"→"工具"→"刀具管理"命令，系统弹出"刀具管理"对话框，如图 5-7 所示。

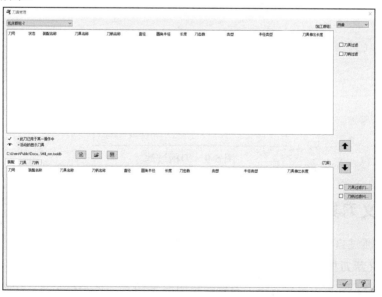

图 5-7　刀具管理

各参数含义如下。

◆ 刀具列表区：由上方用户选定的刀具和下方的刀库列表组成，显示刀具的基本信息，包括刀号、刀具名称、刀柄名称、直径、长度等。

◆ 刀具过滤：当刀库刀具比较多的时候，可以通过刀具过滤来显示满足过滤条件的刀具。单击刀库列表右侧的"刀具过滤"按钮，系统弹出"刀具过滤列表设置"对话框，如图 5-8 所示。

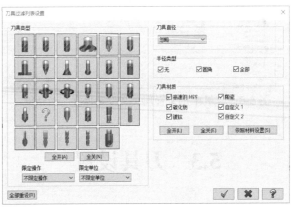

图 5-8　刀具过滤

◆ 刀柄过滤：单击刀库列表右侧的"刀柄过滤"按钮，系统弹出"刀柄列表过滤"对话框，如图 5-9 所示。

图 5-9　刀柄过滤

5.3.2　定义刀具

用户可以通过自定义新刀具和从刀具库中选取刀具两种方式来定义刀具。

(1) 自定义新刀具。

在刀具栏空白处单击鼠标右键，系统弹出如图 5-10 所示的快捷菜单。选择"创建刀具"命令，系统弹出"定义刀具"对话框，如图 5-11 所示。

首先在"选择刀具类型"选项组中选择刀具类型，系统提供了平铣刀、圆鼻铣刀、球形铣刀、面铣刀、圆角成型刀、倒角刀、槽铣刀、锥度刀、鸠尾铣刀、糖球型铣刀、雕刻铣刀、螺纹铣刀、高速铣刀、钻头、定位钻、中心钻、铰刀、鱼眼孔钻、沉头孔钻、镗孔、丝攻、木雕钻等 20 余种刀具类型。

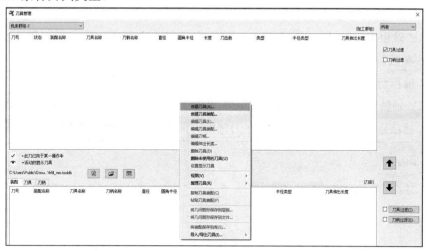

图 5-10　创建刀具

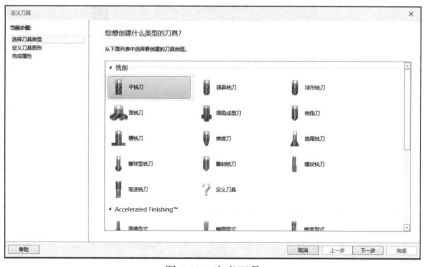

图 5-11　定义刀具

选取刀具类型后，单击"下一步"按钮，进入"定义刀具图形"选项组，如图 5-12 所示。在该选项组中设置刀齿直径、总长度、刀齿长度等参数，设置完成后单击"下一步"按钮，进入"完成属性"选项组，如图 5-13 所示，设置完成后单击"完成"按钮即可完成刀具的创建。

相关参数含义如下。

◇ 刀齿数：使用该参数来计算进给率。

◇ 进给速率：用于控制刀具进给的速度。

◆ 下刀速率：用于控制刀具趋近工件的速度。

◆ 提刀速率：用于控制刀具提刀返回的速度。

◆ 主轴转速：用于控制主轴的转速。

◆ 主轴方向：有顺时针方向、逆时针方向、静态 3 个选项。

◆ 材料：用于确定刀具材料。

◆ XY 轴粗切步进量：在粗加工时，在垂直于刀轴的方向上(XY 方向)每次的进给量。该参数以刀具直径的百分率表示。

◆ Z 轴粗切深度：在粗加工时，在刀轴的方向上(Z 方向)的进给量。

◆ XY 轴精修步进量：在精加工时，在垂直于刀轴的方向上(XY 方向)每次的进给量。

◆ Z 轴精修深度：在精加工时，在刀轴的方向上(Z 方向)的进给量。

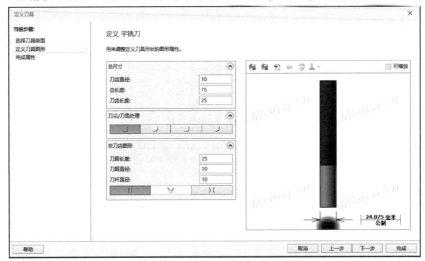

图 5-12　定义刀具图形

图 5-13　完成其他属性

(2) 从刀具库中选取刀具并编辑刀具。

从刀具库中选取刀具是设置刀具的最基本形式，操作相对简单。在"刀具管理"对话框的刀库中选中刀具，双击即可。

在刀具栏选中需要修改的刀具，单击鼠标右键，在系统弹出的快捷菜单中选择"编辑刀具"选项即可对刀具参数进行修改，也可以直接双击刀具，在弹出的"编辑刀具"对话框中进行修改。

5.4　工件设置

工件设置用来设置当前的工作参数，包括工件形状、尺寸和原点等。

5.4.1　设置工件形状及原点

在如图 5-14 所示的刀路操作管理器中，双击机床群组属性里面的"毛坯设置"，系统弹出如图 5-15 所示的"机床群组属性"对话框，在该对话框中可以进行工件的设置。

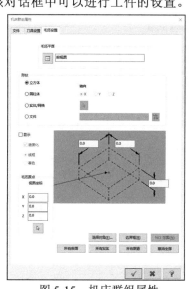

图 5-14　刀路操作管理器　　　　图 5-15　机床群组属性

"机床群组属性"对话框中提供了以下 4 种方式来设定工件材料的形状。

- ◇　立方体：需要输入毛坯的长、宽、高、原点位置，来设定工件的大小和原点。
- ◇　圆柱体：需要输入毛坯的长、宽、高、原点位置，来设定工件的大小和原点。
- ◇　实体/网格：可以在绘图区选择一部分实体作为毛坯形状。
- ◇　文件：可以从一个 STL 文件输入毛坯形状。

工件设置完成后一般以虚线的形式显示在绘图区，用户可以通过更改显示形式改变工件的显示方式，系统提供了 3 种显示形式，如图 5-16 所示。

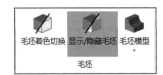

图 5-16　工件显示形式

◆　显示/隐藏毛坯：显示或者隐藏工件。

◆　毛坯着色切换：为毛坯着色。

5.4.2　设置工件材料

用户可以直接从系统材料库中选择工件材料，也可以自己定义工件材料。工件的材料直接影响主轴转速、进给速度等加工参数的设置。下面介绍材料设置和材料管理。

(1) 从材料库中选择材料。

在刀路操作管理器中，双击机床群组属性里面的"刀具设置"，系统弹出"机床群组属性"对话框，如图 5-17 所示。

单击"选择"按钮，系统弹出材料列表对话框，从中选择需要使用的材料，如图 5-18 所示。

图 5-17　机床群组属性

图 5-18　材料列表

(2) 自定义材料。

单击"机床群组属性"对话框中的"编辑"按钮，系统弹出"材料定义"对话框，如图 5-19 所示。

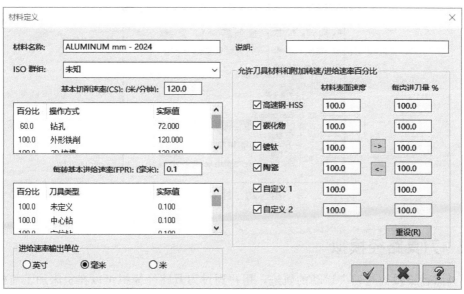

图 5-19　材料定义

用户可以根据需要，设置材料参数，各参数的含义如下。

✧　材料名称：输入自定义的材料名称。

✧　基本切削速率(CS)：设置材料的基本切削线速度。

✧　每转基本进给速率(FPR)：设置材料每转或每齿的基本进刀量。

✧　进给速率输出单位：设置进给量长度单位。

✧　允许刀具材料和附加转速/进给速率百分比：设置用于加工该材料的刀具材料，以及该种材料采用的主轴转速和进给速度分别占刀具管理器中设置的主轴转速和进给速度的百分比。

5.5　加工操作管理与后处理

在完成加工、工件等参数设置后，需要利用 Mastercam 自带的模拟模块对加工过程进行模拟加工，模拟加工若出现问题则需要及时进行修改，如果没有问题就可以通过后处理器导出 NC 加工程序文件，下一步就是进行实际操作加工。

5.5.1　刀路操作管理器

刀路操作管理器(如图 5-20 所示)用于进行刀路编辑、刀路模拟、实体仿真等操作。主要命令包括选择全部操作、选择全部失效操作、重新生成全部已选择操作、重新生成所有无效操作、模拟已选择操作、验证已选择的操作等。

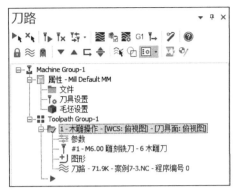

图 5-20　封闭全圆

5.5.2　刀具路径模拟

刀具路径模拟的是刀尖运动的轨迹，用户通过刀具路径模拟可以在机床加工前检验刀具路径是否存在错误，避免产生撞刀等加工错误，在刀路操作管理器中选择"模拟已选择操作"命令或在选项卡中选择"机床"→"刀路模拟"命令，系统弹出"路径模拟"对话框，如图 5-21 所示。

主要命令包括显示颜色切换、显示刀具、显示刀柄、显示快速、显示终止点、简单验证等，单击"播放"按钮可以查看刀具路径模拟加工过程。

图 5-21　路径模拟

5.5.3　加工过程仿真

在操作管理器中选择一个或多个操作，对设定好的各个加工操作进行模拟，可以验证各个操作是否存在问题。在刀路操作管理器中选择"验证已选择的操作"命令或在选项卡中选择"机床"→"实体模拟"命令，系统弹出"验证"对话框，如图 5-22 所示。

在"验证"对话框中可以对选中的操作进行模拟加工，单击"播放"按钮可以查看加工过程，判断加工过程是否存在问题。

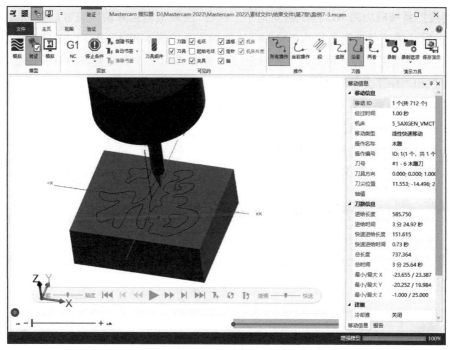

图 5-22　"验证"对话框

5.5.4　后处理

　　刀具路径产生后，若未发现任何加工参数设置的问题，即可进行后处理操作。后处理是将刀具路径文件翻译成数控机床可以读取的 NC 程序。

　　在刀路操作管理器上中选择"执行选择的操作进行后处理"命令或在选项卡中选择"机床"→"后处理"命令，系统弹出"后处理程序"对话框，如图 5-23 所示。

图 5-23　后处理程序

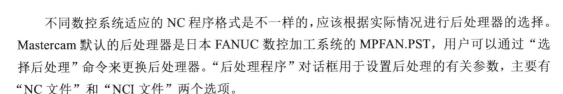

不同数控系统适应的 NC 程序格式是不一样的，应该根据实际情况进行后处理器的选择。Mastercam 默认的后处理器是日本 FANUC 数控加工系统的 MPFAN.PST，用户可以通过"选择后处理"命令来更换后处理器。"后处理程序"对话框用于设置后处理的有关参数，主要有"NC 文件"和"NCI 文件"两个选项。

"NC 文件"用来设置后处理生成的 NC 代码，包括以下选项。

◇ 覆盖：系统将直接覆盖同名 NC 文件。

◇ 询问：提示是否覆盖同名 NC 文件。

◇ 编辑：保存 NC 文件后，弹出 NC 文件编辑器供用户检查和编辑 NC 程序，如图 5-24 所示。

◇ NC 文件扩展名：设置 NC 文件的扩展名。

◇ 传输到机床：将生成的 NC 程序通过连接电缆传输到加工机床。

"NCI 文件"是对后处理过程中生成的 NCI 文件进行设置，主要的选项设置与"NC 文件"类似。

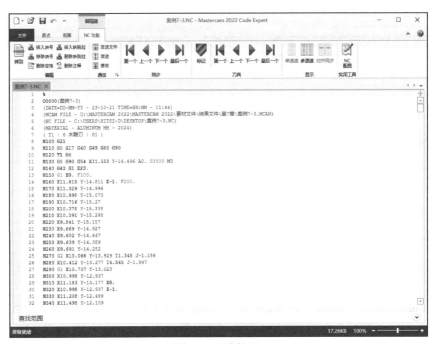

图 5-24　编辑器

5.6　编辑刀具路径

Mastercam 加工系统可以对刀具路径进行编辑操作，主要包括"刀路转换"及"刀路修剪"选项。

5.6.1　修剪路径

在选项卡中选择"刀路"→"工具"→"刀路修剪"命令，系统弹出"线框串连"对话框，按照提示选取修剪边界，单击"确定"按钮后，系统弹出"修剪刀路"对话框，如图 5-25 所示，具体的修剪设置过程将在第 12 章中进行介绍。

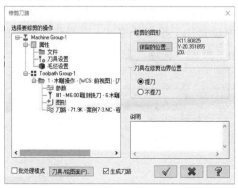

图 5-25　修剪刀路

5.6.2　转换路径

在选项卡中选择"刀路"→"工具"→"刀路转换"命令，系统弹出"转换操作参数"对话框，如图 5-26 所示，具体的转换设置过程将在第 12 章中进行介绍。

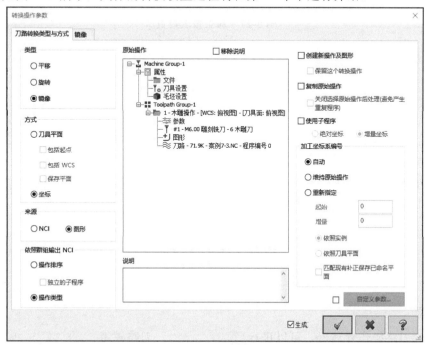

图 5-26　转换路径

5.7　生成加工报表

数控程序生成后，还可以生成利于加工人员使用的加工报表，加工报表有文本和图形两种格式。

按 Alt+F8 组合键进入"系统配置"对话框，选择"刀路管理"→"加工报表"命令，即可在如图 5-27 所示的页面中设置加工报表的格式。在操作管理器的空白处单击鼠标右键，从弹出的快捷菜单中选择"加工报表"选项，即可生成加工报表。

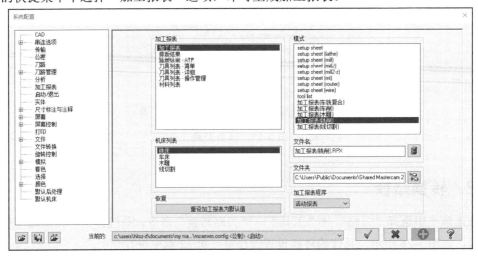

图 5-27　加工报表设置

5.8　本章小结

本章介绍了 Mastercam 数控加工的基本功能、一般流程、工艺参数设置等，这些都是学习后续章节的基础。

读者可以通过本章内容学习 Mastercam 数控加工模块的通用设置，主要包括机床类型的选择、刀具设置、工件设置、刀路操作管理与模拟、实体仿真加工和后处理等。

5.9　练习题

一、填空题

1. 通过刀路操作管理器，可以进行＿＿＿＿＿＿、刀路模拟、＿＿＿＿＿＿等操作。主要命令包括选择全部操作、＿＿＿＿＿＿、＿＿＿＿＿＿、重新生成所有无效操作、模拟已选择操作、_____等。

    2．铣床可以分为两大类：_____和_____。

    3．系统提供了平铣刀、_____、_____、_____、圆角成型刀、_____、_____等 20 余种刀具类型。(请写出 5 种)

二、简答题

    1．简述 Mastercam 数控加工的一般流程。

    2．简述 Mastercam 数控加工的机床类型选择、刀路设置方式。

    3．简述刀具路径编辑的方法。

第 6 章
二维加工系统

二维加工是 Mastercam 加工模块中最基础的加工方式。本章主要介绍外形铣削、挖槽加工和平面铣等加工方法。外形铣削加工是对外形轮廓进行加工，通常用于对二维工件或三维工件的外形轮廓进行加工。二维挖槽加工主要用来切除封闭的或开放的外形所包围的材料(槽形)。平面铣削加工主要是对零件表面上的平面进行铣削加工，或对毛坯表面进行加工，加工得到的结果是平整的表面。

 学习目标

◆ 理解外形铣削加工的原理与操作步骤。

◆ 理解挖槽加工的原理与操作步骤。

◆ 理解平面铣的原理、用途与操作步骤。

本章教学视频

6.1　外形铣削

外形铣削是二维加工中重要的加工方法，包括 2D、2D 倒角、斜插、残料、摆线式 5 种加工方式，下面将具体介绍这几种方式的应用。

6.1.1　外形铣削加工类型

在选项卡中选择"刀路"→"2D"→"外形"命令，选取串连后单击"确定"按钮，系统弹出"2D 刀路-外形铣削"对话框，在该对话框中选择"切削参数"选项，系统弹出"切削参数"设置项，在"外形铣削方式"栏可以设置外形加工方式，如图 6-1 所示。

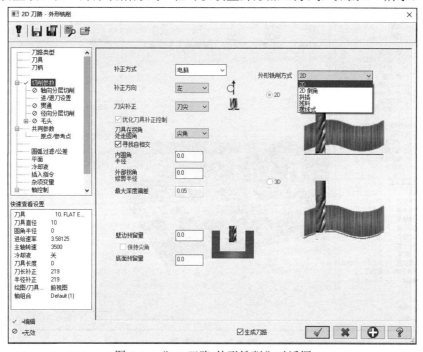

图 6-1　"2D 刀路-外形铣削"对话框

外形铣削方式包括 2D、2D 倒角、斜插、残料、摆线式 5 种。其中 2D 外形加工主要是沿外形轮廓进行加工，可以加工凹槽，也可以加工外形凸缘，比较常用。后 4 种方式用来辅

助，进行倒角或残料等加工。如果选取的外形串连是三维的线架，则外形铣削方式有 2D、3D 和 3D 倒角加工。

6.1.2 2D 外形铣削加工

在选项卡中选择"刀路"→"2D"→"外形"命令，选取串连后单击"确定"按钮，系统弹出"2D 刀路-外形铣削"对话框，该对话框用来设置所有的外形加工参数，如图 6-2 所示。

各参数含义如下。

◇ 串连图形：用来选取要加工的串连几何。

◇ 刀路类型：用来选取二维加工类型。

◇ 刀具：用来设置刀具及其相关参数。

◇ 刀柄：用来设置刀柄。

◇ 切削参数：用来设置深度分层及外形分层和进退刀等参数。

◇ 共同参数：用来设置二维公共参数，包括安全高度、参考高度、进给平面、工件表面、深度等参数。

◇ 快速查看设置：用来显示加工的一些常用参数设置项。

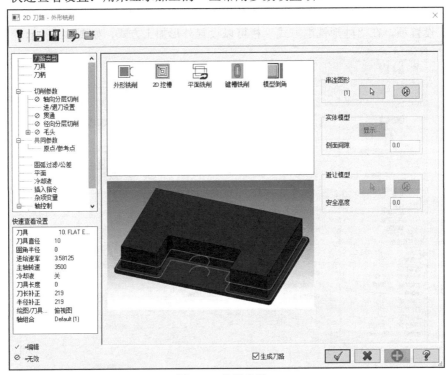

图 6-2 外形参数

在"2D刀路-外形铣削"对话框中选取刀具路径类型为"外形铣削"后，再选择"切削参数"选项，系统弹出"切削参数"设置项，该设置项用来设置外形铣削方式、补正方式及补正方向等。

各参数含义如下。

✧ 补正方式：用来设置补偿的类型，包括电脑、控制器、磨损、反向磨损和关 5 个选项。

✧ 补正方向：用来设置补偿的方向，包括左和右两个选项。2D 外形铣削加工刀具路径铣削凹槽形工件或铣削凸缘形工件主要是通过控制补偿方向向左或向右，来控制刀具是铣削凹槽形还是铣削凸缘形。

✧ 刀尖补正：用来设置校刀参考，包括刀尖和中心两个选项。

✧ 刀具在转角处走圆角：用来设置转角过渡圆弧，包括无、尖角和全部 3 个选项。

✧ 壁边预留量：用来设置加工侧壁的预留量。

✧ 底面预留量：用来设置加工底面 Z 方向的预留量。

案例 6-1：2D 外形铣削加工

采用外形铣削加工刀路对如图 6-3 所示的图形进行加工，加工结果如图 6-4 所示。

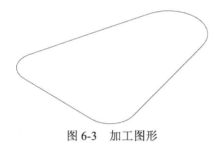
图 6-3 加工图形

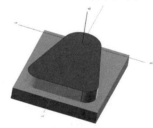
图 6-4 加工结果

操作步骤：

(1) 在选项卡中选择"文件"→"打开"命令，打开"源文件\第 6 章\案例 6-1"，单击"确定"按钮完成文件的调取。

(2) 在选项卡中选择"刀路"→"2D"→"外形"命令，系统弹出"线框串连"对话框，选取串连，方向如图 6-5 所示。单击"确定"按钮，完成选取。

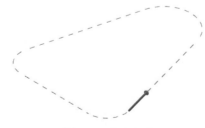
图 6-5 选取串连

(3) 在"2D 刀路-外形铣削"对话框中设置所有的外形加工参数，选取类型为"外形铣削"。

(4) 在"2D 刀路-外形铣削"对话框中选择"刀具"选项，系统弹出"刀具"设置项，该设置项用来设置刀具及相关参数，如图 6-6 所示。

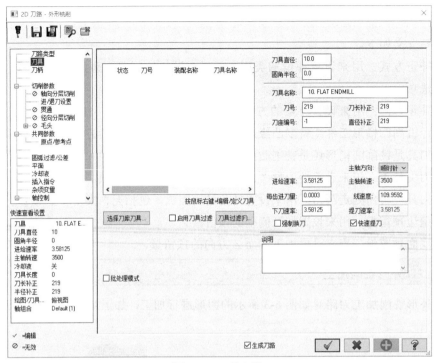

图 6-6　刀具参数

    (5) 在"刀具"设置项的空白处单击鼠标右键,从右键菜单中选择"创建刀具"选项,系统弹出"定义刀具"对话框,选取刀具类型为"平铣刀",如图 6-7 所示。单击"下一步"按钮,进入"定义刀具图形"选项组,将参数设置为直径 D20 的平铣刀,如图 6-8 所示,单击"完成"按钮,完成设置。

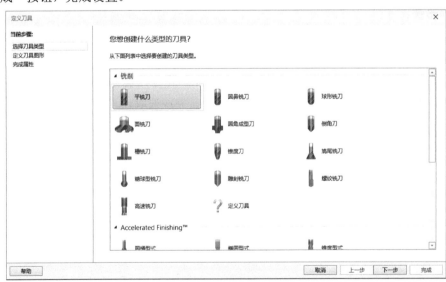

图 6-7　新建刀具

图 6-8　设置刀具参数

(6) 在"刀具"设置项中设置相关参数，如图 6-9 所示。

(7) 在"2D 刀路-外形铣削"对话框中选择"切削参数"选项，系统弹出"切削参数"设置项，该设置项用来设置切削参数，如图 6-10 所示。

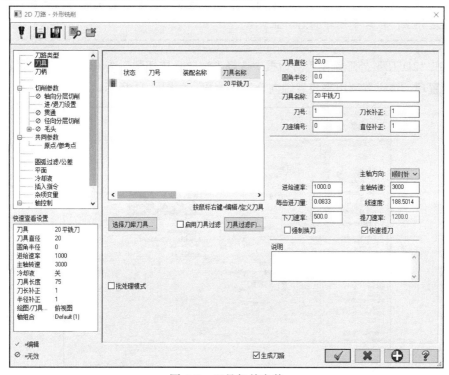

图 6-9　刀具相关参数

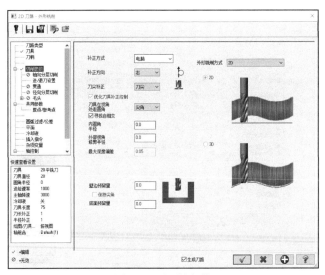

图 6-10　切削参数

提示

此处的补正方向设置要参考刚才选取的外形串连的方向和要铣削的区域，本例要铣削轮廓外的区域，电脑补偿要向外，而串连是逆时针，所以补正方向向右即朝外。补正方向的判断法则：假若人面向串连方向，并沿串连方向行走，要铣削的区域在人的左手侧即向左补正，在右手侧即向右补正。

(8) 在"2D 刀路-外形铣削"对话框中选择"轴向分层切削"选项，系统弹出"轴向分层切削"设置项，该设置项用来设置轴向分层等参数，如图 6-11 所示。

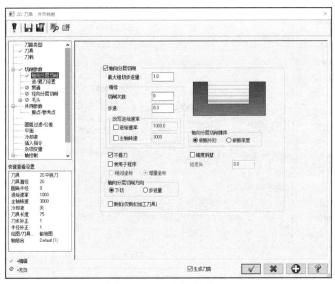

图 6-11　深度切削参数

(9) 在"2D 刀路-外形铣削"对话框中选择"进/退刀设置"选项,系统弹出"进/退刀设置"设置项,该设置项用来设置进刀和退刀参数,如图 6-12 所示。

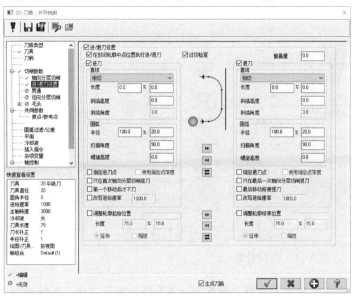

图 6-12　进退刀参数

(10) 在"2D 刀路-外形铣削"对话框中选择"径向分层铣削"选项,系统弹出"径向分层铣削"设置项,该设置项用来设置刀具在外形上的等分参数,如图 6-13 所示。

(11) 在"2D 刀路-外形铣削"对话框中选择"共同参数"选项,系统弹出"共同参数"设置项,该设置项用来设置二维刀具路径的共同参数,如图 6-14 所示。

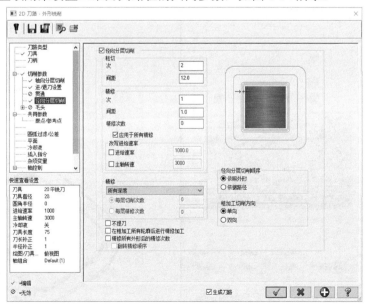

图 6-13　分层参数

(12) 单击"确定"按钮,系统便会根据所设参数生成刀具路径,如图 6-15 所示。

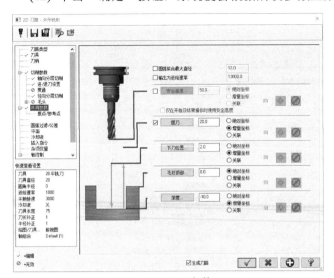

图 6-14　共同参数

图 6-15　生成刀路

(13) 在刀路操作管理器中选择"属性"→"毛坯设置"命令,系统弹出"机器群组属性"对话框,单击"毛坯设置"标签,按照图 6-16 设置加工坯料的尺寸,单击"确定"按钮,完成参数设置。

(14) 坯料设置结果如图 6-17 所示,虚线框显示的即为毛坯。

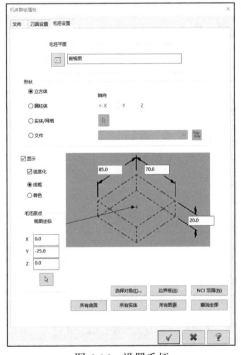

图 6-16　设置毛坯

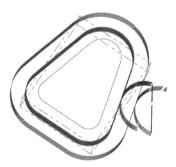

图 6-17　毛坯

(15) 在选项卡中选择"机床"→"实体仿真"命令,系统弹出"验证"对话框,该对话框用来进行实体仿真的参数设置,如图 6-18 所示。

(16) 在"验证"对话框中单击"播放"按钮,模拟结果如图 6-19 所示。

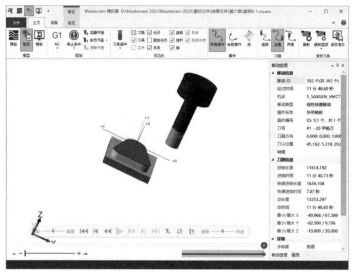

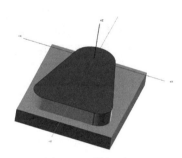

图 6-18 "验证"对话框　　　　　　　　　　　　　图 6-19 模拟结果

6.1.3 2D 外形倒角加工

2D 外形倒角铣削加工是利用 2D 外形来产生倒角特征的加工刀具路径。加工路径的步骤与 2D 外形铣削加工类似。只是要设置加工类型为倒角加工,并设置相关的倒角参数。

倒角加工参数与外形铣削参数基本相同,这里主要讲解与外形铣削加工不同的参数。在"2D 刀路-外形铣削"对话框中选取外形铣削方式为"2D 倒角"后,系统弹出"2D 倒角"设置项,该设置项用来设置倒角参数,如图 6-20 所示。

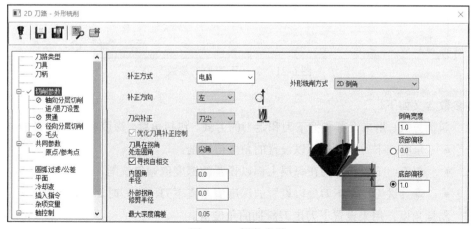

图 6-20 倒角参数

各参数含义如下。

❖ 倒角宽度：用来设置倒角加工第一侧的宽度。倒角加工第二侧的宽度主要通过倒角刀具的角度来控制。

❖ 底部偏移：用来设置倒角刀具的尖部往倒角最下端补偿的距离，可以消除毛边。

6.1.4　外形铣削斜插加工

斜插下刀加工一般用来加工铣削深度较大的二维外形，可以采用多种控制方式优化下刀刀路，使起始切削负荷均匀，切痕平滑，减少刀具损伤。

斜插加工参数与 2D 外形铣削参数基本相同，这里主要讲解斜插参数。在"2D 刀路-外形铣削"对话框中选取外形铣削方式为"斜插"后，系统弹出"斜插"设置项，该设置项用来设置斜插下刀参数，如图 6-21 所示。

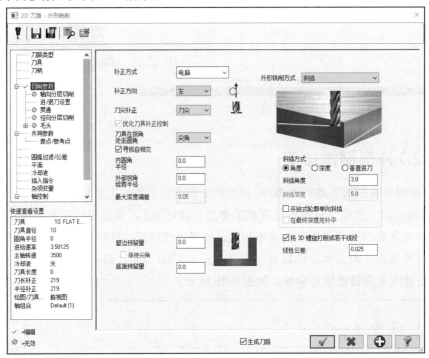

图 6-21　斜插下刀加工参数

各参数含义如下。

❖ 斜插方式：用来设置斜插下刀和走刀的方式，包括角度、深度和垂直进刀 3 个选项。
- 角度：下刀和走刀都以设置的角度值铣削。
- 深度：下刀和走刀在每层上都以设置的深度值倾斜铣削。
- 垂直进刀：在下刀处以设置的深度值垂直下刀，走刀时深度值不变。
❖ 斜插角度：用来设置下刀走刀斜插的角度值。
❖ 斜插深度：用来设置下刀走刀斜插的深度值，此选项只有将"深度"和"垂直下刀"

选项选中时才能被激活。

◇ 开放式轮廓单向斜插：设置开放式的轮廓时采用单向斜插走刀。

◇ 在最终深度处补平：最底部的一刀采用平铣，即深度不变，此处只有将"深度"选
项选中时才能被激活。

◇ 将 3D 螺旋打断成若干线段：将走刀的螺旋刀具路径打断成直线，以小段直线逼近
曲线的方式进行铣削。

◇ 线性公差：用来设置将 3D 螺旋打断成若干线段的误差值，此值越小，打断成直线
的段数就越多，直线长度也越小，铣削的效果越接近理想值，但计算时间就越长。
反之亦然。

6.1.5　外形铣削残料加工

残料加工一般用于铣削上一次外形铣削加工后留下的残余材料。为了提高加工速度，当
铣削加工的铣削量较大时，开始时可以采用大直径刀具和大进给量，再采用残料外形加工得
到最后的效果。

残料加工参数与 2D 外形铣削参数基本相同，这里主要讲解残料加工参数。在"2D 刀路-
外形铣削"对话框中选项中选取外形铣削方式为"残料"后，系统弹出"残料"设置项，该
设置项用来设置残料加工参数，如图 6-22 所示。

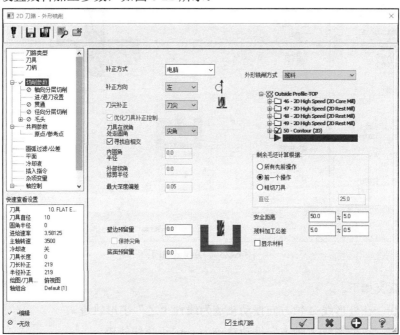

图 6-22　残料加工

各选项含义如下。

◇ 剩余毛坯计算根据：用来设置残料计算依据类型。

- 所有先前操作：依据所有先前操作计算残料。
- 前一个操作：只依据前一个操作计算残料。
- 粗切刀具：依据所设的粗切刀具直径来计算残料。

◇ 直径：用来设置粗切刀具直径，此选项只有"粗切刀具"选项被选中时才能被激活。

6.1.6 外形铣削摆线式加工

摆线式加工是沿外形轨迹线增加在 Z 轴的摆动，这样可以减少刀具磨损，在切削更加稀薄的材料或被碾压的材料时，这种方法特别有效。

摆线式加工参数与 2D 外形铣削加工参数基本相同，这里主要讲解摆线式参数。在"2D 刀路-外形铣削"对话框中选取外形铣削方式为"摆线式"后，系统弹出"摆线式"设置项，该设置项用来设置摆线式加工参数，如图 6-23 所示。

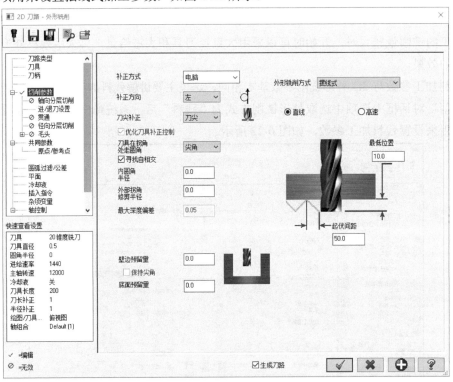

图 6-23 摆线式加工

各选项含义如下。

◇ 直线：在外形线 Z 轴方向摆动轨迹为线性"之"字形轨迹。

◇ 高速：在外形线 Z 轴方向摆动轨迹为 sine 正弦线轨迹。

◇ 最低位置：用来设置摆动轨迹离深度平面的偏离值。

◇ 起伏间距：用来设置沿着外形方向摆动的距离值。

6.1.7　3D 外形加工

当选择的加工串连为二维时，外形铣削只能是 2D 铣削加工；当选择的加工串连是三维线架时，则外形铣削可以是 2D 外形铣削加工，也可以是 3D 铣削加工。2D 铣削即将 3D 线架投影到平面后进行加工，3D 铣削即按照选取的线架进行走刀。下面主要讲解 3D 铣削部分。

在选项卡中选择"刀路"→"2D"→"外形"命令，选取 3D 线架串连后单击"确定"按钮，系统弹出"2D 刀路-外形铣削"对话框，在该对话框中选择"切削参数"选项，系统弹出"切削参数"设置项，选取外形铣削方式为"3D"，如图 6-24 所示。

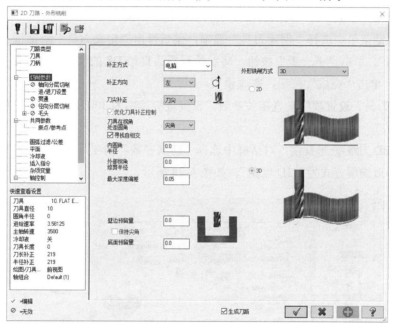

图 6-24　3D 外形铣削

3D 外形铣削加工的参数设置和 2D 外形铣削加工参数设置相同，主要区别体现在加工深度的控制方面。3D 外形倒角加工参数设置和 2D 外形倒角参数设置相同，具体参数在此处不再讲述。下面将进行案例详解。

案例 6-2：3D 外形倒角加工

对如图 6-25 所示的图形进行倒角加工，加工结果如图 6-26 所示。

图 6-25　加工图形

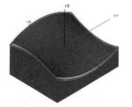

图 6-26　加工结果

操作步骤：

(1) 在选项卡中选择"文件"→"打开"命令，打开"源
文件\第 6 章\案例 6-2"，单击"确定"按钮完成文件的调取。

(2) 在选项卡中选择"刀路"→"2D"→"外形"命令，
系统弹出"线框串连"对话框，选取 3D 线框串连，方向如
图 6-27 所示。单击"确定"按钮，完成选取。

(3) 系统弹出"2D刀路-外形铣削"对话框。在对话框中
选择"刀具"选项，系统弹出"刀具"设置项，该设置项用
来设置刀具及相关参数。在"刀具"设置项的空白处单击鼠

图 6-27　线框串连

标右键，从右键菜单中选择"创建刀具"选项，系统弹出"定义刀具"对话框，选取刀具类
型为"倒角刀"。单击"下一步"按钮，将参数设置为直径 D8 的倒角刀，底部宽度为 0，锥
度角为 45°，单击"完成"按钮，完成设置。

(4) 在"刀具"设置项中设置相关参数，设置进给速率为 3000，主轴转速为 6000，下刀
速率为 500。

(5) 在"2D 刀路-外形铣削"对话框中选择"切削参数"选项，系统弹出"切削参数"设
置项，选取外形铣削方式为"3D 倒角"，如图 6-28 所示。

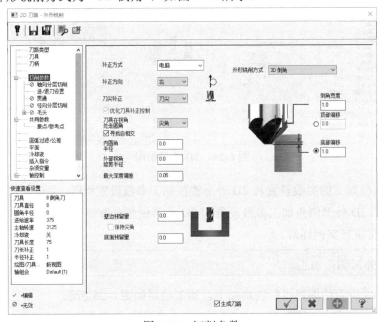

图 6-28　切削参数

(6) 在"2D 刀路-外形铣削"对话框中选择"进/退刀设置"选项，系统弹出"进/退刀设
置"设置项，该设置项用来设置进刀和退刀参数。

(7) 在"2D 刀路-外形铣削"对话框中选择"共同参数"选项，系统弹出"共同参数"设
置项，该设置项用来设置二维刀具路径的共同参数，如图 6-29 所示。

(8) 系统便会根据所设参数生成刀具路径，如图 6-30 所示。

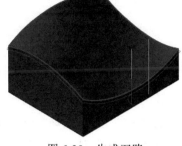

图 6-29　共同参数　　　　　　　　　　　图 6-30　生成刀路

(9) 在刀路操作管理器中选择"属性"→"毛坯设置"命令，系统弹出"机器群组属性"对话框，单击"毛坯设置"标签，打开"毛坯设置"选项组，按图 6-31 设置加工坯料的尺寸，单击"确定"按钮，完成参数设置。

(10) 在选项卡中选择"机床"→"实体仿真"命令，系统弹出"验证"对话框，单击"播放"按钮，模拟结果如图 6-32 所示。

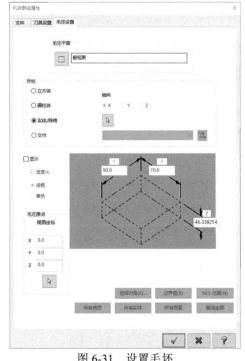

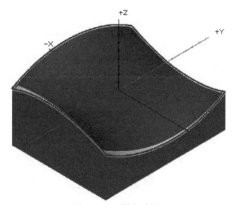

图 6-31　设置毛坯　　　　　　　　　　　图 6-32　模拟结果

6.2 挖槽加工

挖槽加工包括 2D 挖槽、平面铣削、使用岛屿深度、残料加工、开方式挖槽 5 种加工方式，下面将具体介绍这几种方法的应用。

6.2.1 2D 挖槽

2D 挖槽加工专门对平面槽形工件进行加工，且二维加工轮廓必须是封闭的，不能是开放的。用 2D 挖槽加工槽形的轮廓时，参数设置非常方便，系统根据轮廓自动计算走刀次数，无须用户计算。此外，2D 挖槽加工采用逐层加工的方式，在每一层内，刀具会以最少的刀具路径、最快的速度去除残料，因此 2D 挖槽加工效率非常高。

在选项卡中选择"刀路"→"2D"→"挖槽"命令，选取挖槽串连并确定后，系统弹出"2D 刀路-2D 挖槽"对话框，选取刀路类型为"2D 挖槽"，如图 6-33 所示。

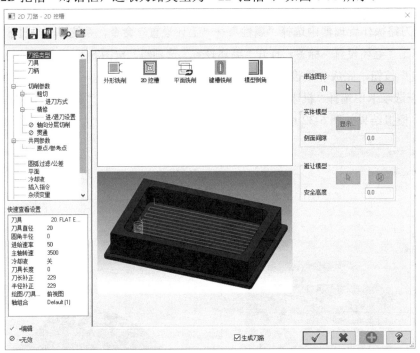

图 6-33 "2D 刀路-2D 挖槽"对话框

在"2D 刀路-2D 挖槽"对话框中可以设置生成挖槽刀具路径的基本挖槽参数，包括切削参数和共同参数等。

在"2D 刀路-2D 挖槽"对话框中选择"切削参数"选项，系统弹出"切削参数"设置项，该设置项用来设置切削有关的参数，如图 6-34 所示。

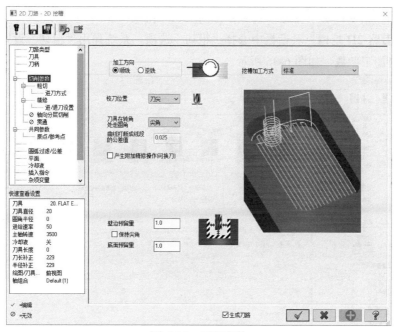

图 6-34　切削参数

各选项含义如下。

✧　加工方向：用来设置刀具相对工件的加工方向，包括顺铣和逆铣两个选项。

● 顺铣：根据顺铣的方向生成挖槽的加工刀具路径。

● 逆铣：根据逆铣的方向生成挖槽的加工刀具路径。

顺铣与逆铣的示意图如图 6-35 所示。

顺铣　　　　　　　　逆铣

图 6-35　顺铣和逆铣

✧　挖槽加工方式：用来设置挖槽的类型，包括标准(2D 挖槽)、平面铣、使用岛屿深度、残料和开放式挖槽 5 个选项。

✧　校刀位置：用来设置校刀时以刀尖或中心为参考。

✧　刀具在转角处走圆角：用来设置刀具在转角地方的走刀方式，包括无、全部和尖角 3 个选项。

● 无：不走圆弧。

● 全部：全部走圆弧。

● 尖角：小于 135°的尖角走圆弧。

✧　壁边预留量：用来设置 XY 方向上的预留残料量。

◇ 底面预留量：用来设置槽底部 Z 方向上的预留残料量。

在"2D 刀路-2D 挖槽"对话框中选择"粗切"选项，系统弹出"粗切"设置项，该设置项用来设置粗加工参数，如图 6-36 所示。

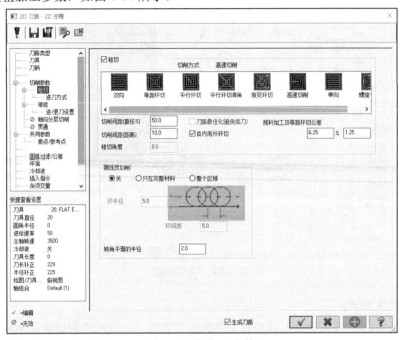

图 6-36 粗加工参数

各选项含义如下。

◇ 切削方式：用来设置切削加工的走刀方式，共有 8 种。

● 双向切削：产生一组来回的直线刀具路径来切削槽，刀具路径的方向由粗切角度决定，如图 6-37 所示。

● 单向切削：产生的刀具路径与双向类似，所不同的是单向切削的刀具路径按同一个方向切削，如图 6-38 所示。

图 6-37 双向

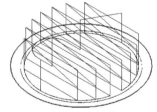

图 6-38 单向

● 等距环切：以等距切削的螺旋方式产生挖槽刀具路径，如图 6-39 所示。

● 平行环切：以平行螺旋的方式产生挖槽刀具路径，如图 6-40 所示。

图 6-39　等距环切

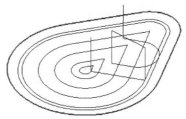

图 6-40　平行环切

- 平行环切清角：以平行螺旋并清角的方式产生挖槽刀具路径，如图 6-41 所示。
- 渐变环切：以外形螺旋的方式产生挖槽刀具路径，如图 6-42 所示。

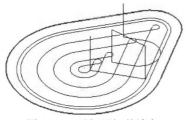

图 6-41　平行环切并清角

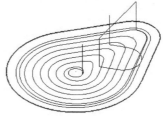

图 6-42　渐变环切

- 高速切削：以圆弧、螺旋摆动方式产生挖槽刀具路径，如图 6-43 所示。
- 螺旋切削：以平滑的圆弧方式产生高速切削的挖槽刀具路径，如图 6-44 所示。

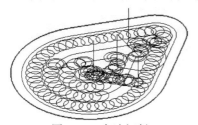

图 6-43　高速切削

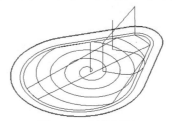

图 6-44　螺旋切削

- ◇ 切削间距：用来设置两条刀具路径之间的距离。
  - 直径的百分比：以刀具直径的百分比来定义刀具路径的间距，一般为 60%~75%。
  - 距离：直接以距离来定义刀具路径的间距。它与直径百分比选项是联动的。
- ◇ 粗切角度：用来控制刀具路径的铣削方向，指的是刀具路径切削方向与 X 轴的夹角。此项只有粗切方式为双向或单向切削时才能被激活。
- ◇ 由内而外环切：环切刀具路径的挖槽进刀起点由两种方法决定，它是由"由内而外环切"复选框来决定的。当勾选该复选框时，切削方法以挖槽中心或用户指定的起点开始，螺旋切削至挖槽边界，如图 6-45 所示。当取消勾选该复选框时，切削方法以挖槽边界或用户指定的起点开始，螺旋切削至挖槽中心，如图 6-46 所示。

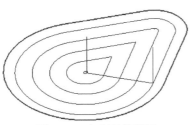

图 6-45　由内而外环切

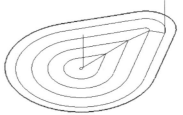

图 6-46　由外而内环切

案例 6-3：2D 挖槽

对如图 6-47 所示的图形进行面铣加工，加工结果如图 6-48 所示。

图 6-47　加工图形

图 6-48　加工结果

操作步骤：

(1) 在选项卡中选择"文件"→"打开"命令，打开"源文件/第 6 章/案例 6-3"，单击"确定"按钮完成文件的调取。

(2) 在选项卡中选择"刀路"→"2D"→"挖槽"命令，系统弹出"线框串连"对话框，选取串连，方向如图 6-49 所示。单击"确定"按钮，完成选取。

图 6-49　选取串连

(3) 系统弹出"2D 刀路-2D 挖槽"对话框，该对话框用来选取 2D 加工类型，选取类型为"2D 挖槽"。

(4) 在"2D 刀路-2D 挖槽"对话框中选择"刀具"选项，系统弹出"刀具"设置项，该设置项用来设置刀具及相关参数。在"刀具"设置项的空白处单击鼠标右键，从右键菜单中选择"创建刀具"选项，系统弹出"定义刀具"对话框，选取刀具类型为"平铣刀"。单击"下一步"按钮，将参数设置为直径 D10 的平铣刀，单击"完成"按钮，完成设置。

(5) 在"刀具"设置项中设置相关参数，其中设置进给速率为 500，主轴转速为 3000，下刀速率为 200，勾选"快速提刀"复选框。

(6) 在"2D 刀路-2D 挖槽"对话框中选择"切削参数"选项,系统弹出"切削参数"设置项,该设置项用来设置切削的相关参数,如图 6-50 所示。

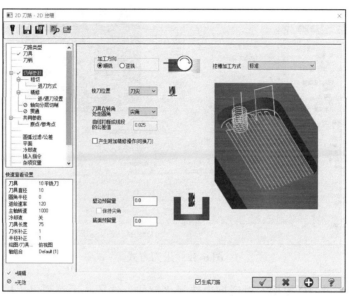

图 6-50   切削参数

(7) 在"2D 刀路-2D 挖槽"对话框中选择"粗加工"选项,系统弹出"粗加工"设置项,用来设置粗切削走刀以及刀间距等参数,如图 6-51 所示。

(8) 在"2D 刀路-2D 挖槽"对话框中选择"进刀模式"选项,系统弹出"进刀方式"设置项,该设置项用来设置进刀方式。选取进刀方式为螺旋下刀,如图 6-52 所示。

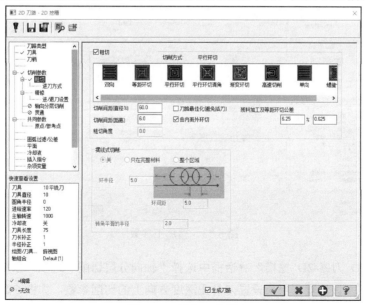

图 6-51   粗加工参数

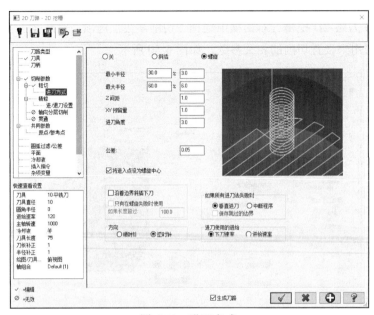

图 6-52　进刀方式

(9) 在"2D 刀路-2D 挖槽"对话框中选择"精修"选项，系统弹出"精修"设置项，该设置项用来设置精加工参数，如图 6-53 所示。

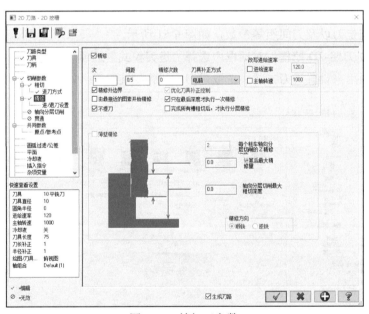

图 6-53　精加工参数

(10) 在"2D 刀路-2D 挖槽"对话框中选择"轴向分层切削"选项，系统弹出"轴向分层切削"设置项，该设置项用来设置刀具在深度方向上的切削参数，如图 6-54 所示。

(11) 在"2D 刀路-2D 挖槽"对话框中选择"共同参数"选项，系统弹出"共同参数"设置项，该设置项用来设置二维刀具路径的共同参数，如图 6-55 所示。

(12) 系统便会根据所设参数生成刀具路径，如图 6-56 所示。

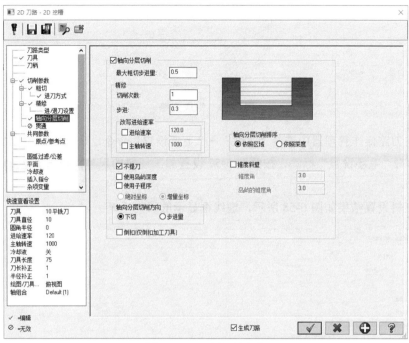

图 6-54　深度切削参数

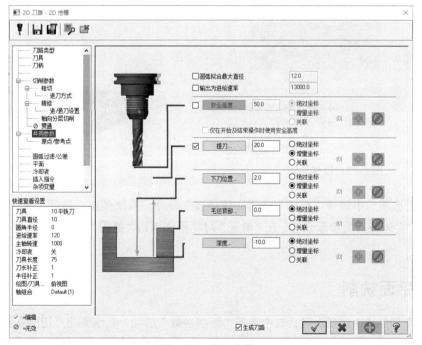

图 6-55　共同参数

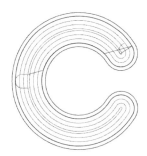

图 6-56　生成刀路

(13) 在刀路操作管理器中选择"属性"→"毛坯设置"命令，系统弹出"机器群组属性"对话框，单击"毛坯设置"标签，按照图 6-57 设置加工坯料的尺寸，单击"确定"按钮，完成参数设置。

(14) 坯料设置结果如图 6-58 所示，虚线框显示的即为毛坯。

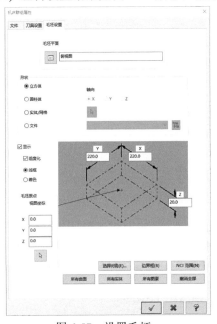

图 6-57　设置毛坯

图 6-58　毛坯

(15) 在选项卡中选择"机床"→"实体仿真"命令，系统弹出"验证"对话框，该对话框用来进行实体仿真的参数设置，在"验证"对话框中单击"播放"按钮，模拟结果如图 6-48 所示。

6.2.2　平面铣削

在"2D 刀路-2D 挖槽"对话框中选择"切削参数"选项，系统弹出"切削参数"设置项，设置挖槽加工方式为"平面铣"，该项专门用来在原有的刀路边界上额外地扩充部分刀路，如图 6-59 所示。

图 6-59　挖槽平面加工

部分参数含义如下。

◇　重叠量：用来设置刀具路径向外扩展的宽度，与前面的刀具重叠百分比是联动的。

◇　进刀引线长度：用来输入进刀时引线的长度。

◇　退刀引线长度：用来输入退刀时引线的长度。

6.2.3　使用岛屿深度

在"2D 刀路-2D 挖槽"对话框中选择"切削参数"选项，系统弹出"切削参数"设置项，设置挖槽加工方式为"使用岛屿深度"，该项专门用来控制岛屿的加工深度，如图 6-60 所示。岛屿深度的控制参数主要是"岛屿上方预留量"，此值应是负值，含义与槽深度类似，是岛屿的上方距离工件表面的深度值。

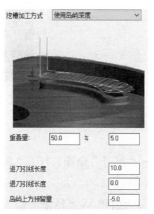

图 6-60　使用岛屿深度

6.2.4　残料加工

残料加工一般用于铣削上一次挖槽加工后留下的残余材料。残料加工可以用来加工以前加工预留的部分，也可以用来加工由于采用大直径刀具在转角处不能被铣削的部分。

在"2D 刀路-2D 挖槽"对话框中选择"切削参数"选项，系统弹出"切削参数"设置项，设置挖槽加工方式为"残料"，该项专门用来清除残料，如图 6-61 所示，各参数含义参考本书 6.1.5 节。

图 6-61　残料加工参数

案例 6-4：残料加工

对如图 6-62 所示的图形进行面铣加工，加工结果如图 6-63 所示。

图 6-62　加工图形　　　　　　图 6-63　加工结果

操作步骤：

(1) 在选项卡中选择"文件"→"打开"命令，打开"源文件/第 6 章/案例 6-4"，单击"确定"按钮完成文件的调取。

(2) 在选项卡中选择"刀路"→"2D"→"挖槽"命令，系统弹出"线框串连"对话框，选取串连，方向如图 6-64 所示。单击"确定"按钮，完成选取。

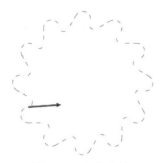

图 6-64　选取串连

(3) 系统弹出"2D 刀路-2D 挖槽"对话框，该对话框用来选取 2D 加工类型，选取类型为"2D 挖槽"。

(4) 在"2D 刀路-2D 挖槽"对话框中选择"刀具"选项，系统弹出"刀具"设置项，用来设置刀具及相关参数。在"刀具"设置项的空白处单击鼠标右键，从右键菜单中选择"创建刀具"选项，系统弹出"定义刀具"对话框，选取刀具类型为"平铣刀"。单击"下一步"按钮，系统弹出"编辑刀具"对话框，将参数设置为直径 D8 的平铣刀，如图 6-65 所示，单击"完成"按钮，完成设置。

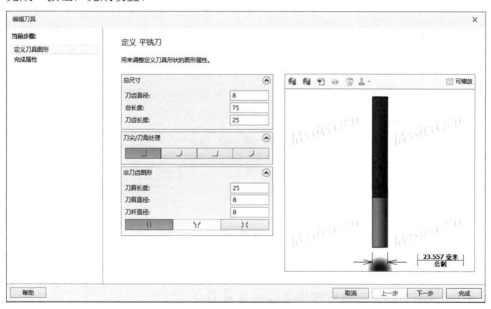

图 6-65　刀具设置

(5) 在"刀具"设置项中设置相关参数，设置进给速率为 500，主轴转速为 3000，下刀速率为 200，勾选"快速提刀"复选框，如图 6-66 所示。

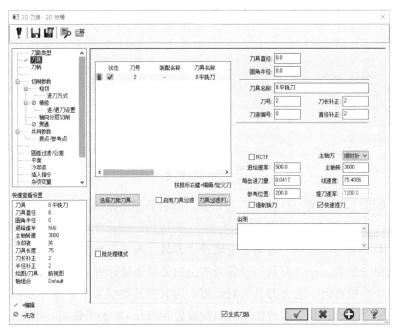

图 6-66　刀具参数设置

(6) 在"2D 刀路-2D 挖槽"对话框中选择"切削参数"选项，系统弹出"切削参数"设置项，该设置项用来设置切削的相关参数，如图 6-67 所示。

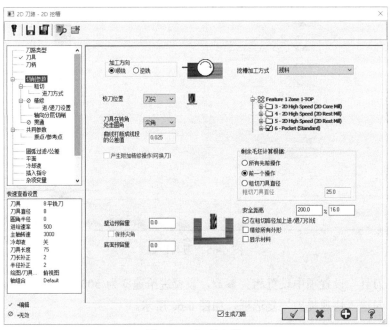

图 6-67　切削参数

(7) 在"2D 刀路-2D 挖槽"对话框中选择"粗加工"选项，系统弹出"粗加工"设置项，该设置项用来设置粗切削走刀以及刀间距等参数，选取切削方式为"平行环切"，如图 6-68 所示。

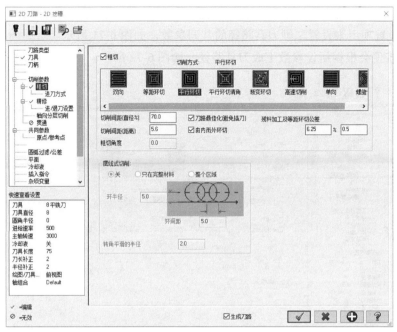

图 6-68　粗加工参数

(8) 在"2D 刀路-2D 挖槽"对话框中选择"精修"选项，系统弹出"精修"设置项，该设置项用来设置精加工参数，如图 6-69 所示。

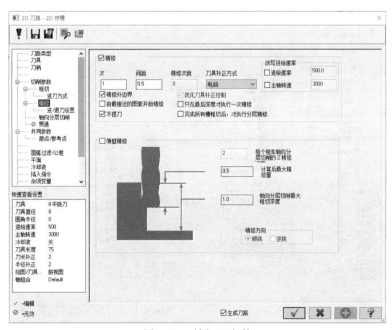

图 6-69　精加工参数

(9) 在"2D 刀路-2D 挖槽"对话框中选择"轴向分层切削"选项，系统弹出"轴向分层切削"设置项，该设置项用来设置刀具在深度方向上的切削参数，如图 6-70 所示。

(10) 在"2D 刀路-2D 挖槽"对话框中选择"共同参数"选项，系统弹出"共同参数"设置项，该设置项用来设置二维刀具路径的共同参数，如图 6-71 所示。

(11) 系统便会根据所设参数生成刀具路径，如图 6-72 所示。

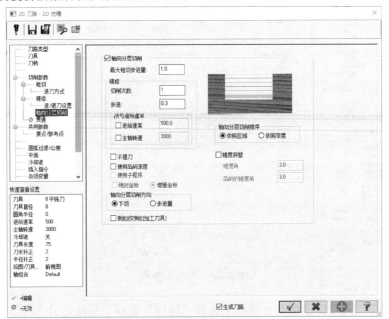

图 6-70　深度切削参数

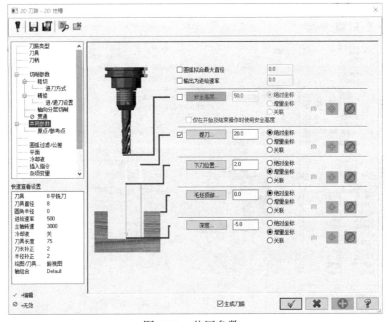

图 6-71　共同参数

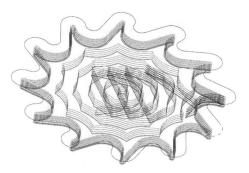

图 6-72　生成刀路

(12) 在刀路操作管理器中选择"属性"→"毛坯设置"命令，系统弹出"机器群组属性"对话框，单击"毛坯设置"标签，按照图 6-73 设置加工坯料的尺寸，单击"确定"按钮，完成参数设置。

(13) 坯料设置结果如图 6-74 所示，虚线框显示的即为毛坯。

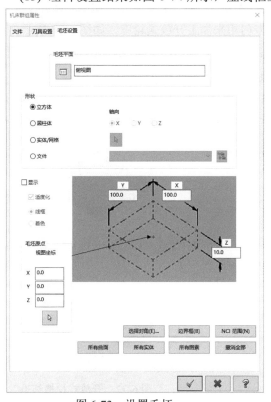

图 6-73　设置毛坯

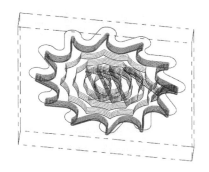

图 6-74　毛坯

(14) 在选项卡中选择"机床"→"实体仿真"命令，系统弹出"验证"对话框，该对话框用来进行实体仿真的参数设置，在"验证"对话框中单击"播放"按钮，模拟结果如图 6-75 所示。

图 6-75　模拟结果

6.2.5　开放式挖槽

2D 挖槽要求串连必须封闭，因此对于一些开放的串连，就无法进行 2D 挖槽。开放式挖槽专门针对串连不封闭的零件进行加工。

在"2D 刀路-2D 挖槽"对话框中选择"切削参数"选项，系统弹出"切削参数"设置项，设置挖槽加工方式为"开放式挖槽"，该选项专门用来加工开放式轮廓，如图 6-76 所示。

由于轮廓是开放的，可以采用从切削范围外进刀。开放式轮廓挖槽进刀非常安全，而且可以使用专门的开放轮廓切削方法来加工。图 6-77 即为采用开放式挖槽的结果。

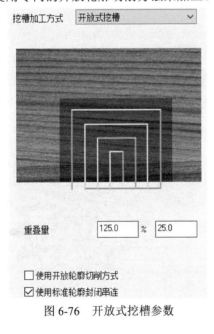

图 6-76　开放式挖槽参数

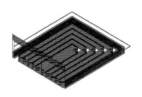

图 6-77　开放式挖槽结果

部分参数含义如下。

◇　重叠量：用来设置开放加工刀具路径超出开放边界的距离。

◇　使用开放轮廓切削方式：勾选该复选框，开放式加工刀具路径以开放轮廓的端点作为起点，并采用开放式轮廓挖槽加工的切削方式加工，此时在"粗切/精修的参数"

设置项中设置的粗切方式不起作用。

采用双向切削方式加工的刀具路径如图 6-78 所示；采用开放挖槽切削方式加工的刀具路径如图 6-79 所示。

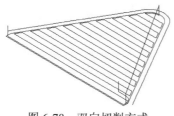 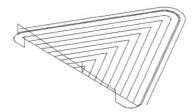

图 6-78　双向切削方式　　　　　　　图 6-79　开放挖槽切削方式

案例 6-5：开放式挖槽

对如图 6-80 所示的图形进行面铣加工，加工结果如图 6-81 所示。

 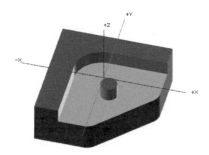

图 6-80　加工图形　　　　　　　　　图 6-81　加工结果

操作步骤：

(1) 在选项卡中选择"文件"→"打开"命令，打开"源文件/第 6 章/案例 6-5"，单击"确定"按钮完成文件的调取。

(2) 在选项卡中选择"刀路"→"2D"→"挖槽"命令，系统弹出"线框串连"对话框，选取串连，方向如图 6-82 所示。单击"确定"按钮，完成选取。

图 6-82　选取串连

(3) 系统弹出"2D 刀路-2D 挖槽"对话框，该对话框用来选取 2D 加工类型，选取类型为"2D 挖槽"。

(4) 在"2D 刀路-2D 挖槽"对话框中选择"刀具"选项，系统弹出"刀具"设置项，该设置项用来设置刀具及相关参数。在"刀具"设置项的空白处单击鼠标右键，从右键菜单中选择"创建刀具"选项，系统弹出"定义刀具"对话框，选取刀具类型为"平铣刀"。单击"下一步"按钮，系统弹出"编辑刀具"对话框，将参数设置为直径 D8 的平铣刀，如图 6-83 所示，单击"完成"按钮，完成设置。

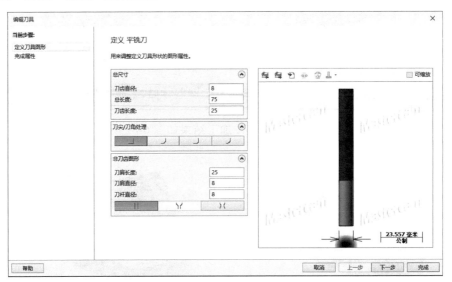

图 6-83　刀具设置

(5) 在"刀具"设置项中设置相关参数，如图 6-84 所示。

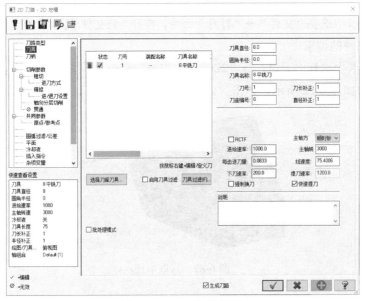

图 6-84　刀具参数设置

(6) 在"2D 刀路-2D 挖槽"对话框中选择"切削参数"选项，系统弹出"切削参数"设置项，该设置项用来设置切削相关参数，如图 6-85 所示。

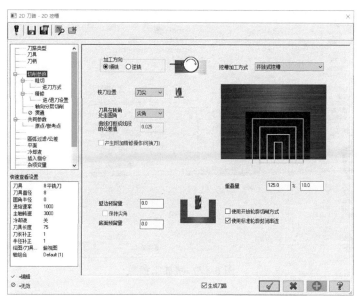

图 6-85　切削参数

(7) 在"2D 刀路-2D 挖槽"对话框中选择"粗加工"选项，系统弹出"粗加工"设置项，该设置项用来设置粗切削走刀以及刀间距等参数，如图 6-86 所示。

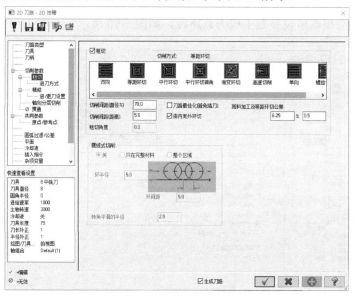

图 6-86　粗加工参数

(8) 在"2D 刀路-2D 挖槽"对话框中选择"精修"选项，系统弹出"精修"设置项，该设置项用来设置精加工参数，如图 6-87 所示。

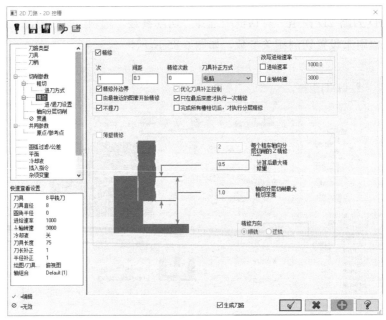

图 6-87　精加工参数

(9) 在"2D 刀路-2D 挖槽"对话框中选择"轴向分层切削"选项，系统弹出"轴向分层切削"设置项，该设置项用来设置刀具在深度方向上的切削参数，如图 6-88 所示。

(10) 在"2D 刀路-2D 挖槽"对话框中选择"共同参数"选项，系统弹出"共同参数"设置项，该设置项用来设置二维刀具路径的共同参数，如图 6-89 所示。

(11) 系统便会根据所设参数生成刀具路径，如图 6-90 所示。

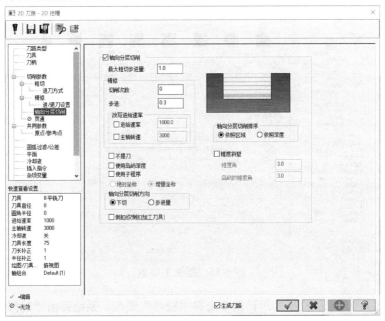

图 6-88　深度切削参数

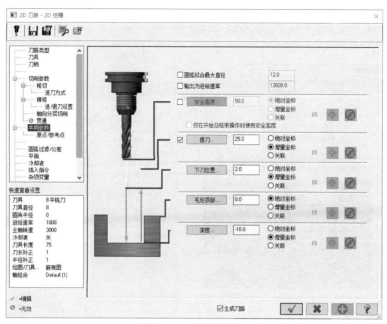

图 6-89   共同参数

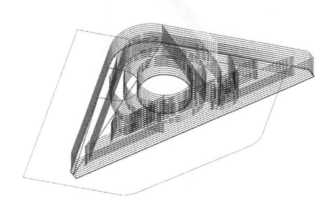

图 6-90   生成刀路

(12) 在刀路操作管理器中选择"属性"→"毛坯设置"命令,系统弹出"机器群组属性"对话框,单击"毛坯设置"标签,按照图 6-91 设置加工坯料的尺寸,单击"确定"按钮,完成参数设置。

(13) 坯料设置结果如图 6-92 所示,虚线框显示的即为毛坯。

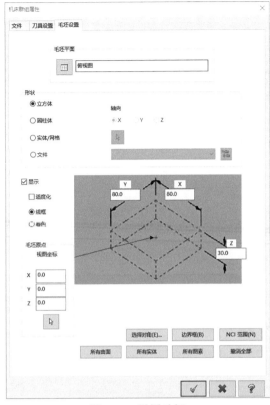

图 6-91　设置毛坯

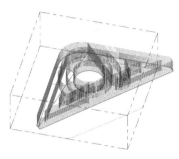

图 6-92　毛坯

(14) 在选项卡中选择"机床"→"实体仿真"命令，系统弹出"验证"对话框，该对话框用来进行实体仿真的参数设置，在"验证"对话框中单击"播放"按钮，模拟结果如图 6-93 所示。

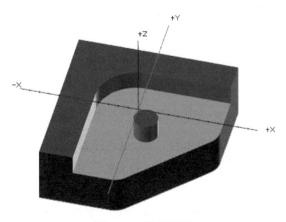

图 6-93　模拟结果

6.3　平面铣类型

平面铣削专门用来铣坯料的某个面或零件的表面，可以消除坯料或零件表面的不平、沙眼之处等，提高坯料或零件的平整度、表面光滑度。

在选项卡中选择"刀路"→"2D"→"面铣"命令，系统弹出"2D 刀路-平面铣削"对话框，在对话框中选择"刀路类型"选项，选取加工类型为"平面铣削"，如图 6-94 所示。

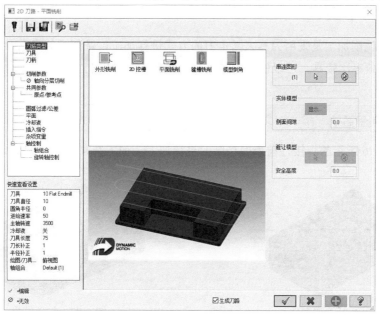

图 6-94　平面铣削

在"切削参数"设置项中有刀具超出量的控制选项，刀具超出量控制包括 4 个方面，如图 6-95 所示。

图 6-95　刀具超出量

其参数含义如下。

◇　截断方向超出量：截断方向切削刀具路径超出面铣轮廓的量。

◇　引导方向超出量：引导方向切削刀具路径超出面铣轮廓的量。

◇ 进刀引线长度：面铣削导引入切削刀具路径超出面铣轮廓的量。

◇ 退刀引线长度：面铣削导引出切削刀具路径超出面铣轮廓的量。

面铣加工通常采用大直径的面铣刀对工件表面材料进行快速去除，在"2D 刀路-平面铣削"对话框中选择"切削参数"选项，系统弹出"切削参数"设置项，单击"切削方式"右侧的下拉按钮，在弹出的下拉列表中可选择加工类型，面铣加工类型共有 4 种，包括单向、双向、一刀式、动态。

6.3.1 双向平面铣

双向平面铣削加工是采用刀具来回走刀的方式进行加工，铣削后的表面存在纹理，但是这种铣削方式效率比较高，可以快速去除表面的残料。此种铣削方式适用于对表面纹理没有要求的零件。

案例 6-6：双向平面铣

对如图 6-96 所示的焊接件前表面接触面进行加工，加工结果如图 6-97 所示。

图 6-96 源文件

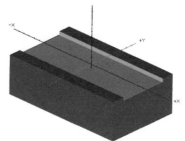

图 6-97 加工结果

操作步骤：

(1) 在选项卡中选择"文件"→"打开"命令，打开"源文件\第 6 章\案例 6-6"，单击"确定"按钮完成文件的调取。

(2) 在选项卡中选择"刀路"→"2D"→"面铣"命令，系统弹出"线框串连"对话框，选取串连，方向如图 6-98 所示。单击"确定"按钮，完成选取。

图 6-98 选取串连

(3) 系统弹出"2D 刀路-平面铣削"对话框，该对话框用来选取 2D 加工类型，选取类型为"2D 刀路-平面铣削"。

(4) 在"2D刀路-平面铣削"对话框中选择"刀具"选项，系统弹出"刀具"设置项，该设置项用来设置刀具及相关参数。在"刀具"设置项的空白处单击鼠标右键，从右键菜单中选择"创建刀具"选项，系统弹出"定义刀具"对话框，选取刀具类型为"平铣刀"。单击"下一步"按钮，系统弹出"编辑刀具"对话框，将参数设置为直径 D20 的平铣刀，如图 6-99 所示，单击"完成"按钮，完成设置。

图 6-99　刀具设置

(5) 在"刀具"设置项中设置相关参数，设置进给率为 500，主轴转速为 3000，下刀速率为 100，勾选"快速提刀"复选框，如图 6-100 所示。

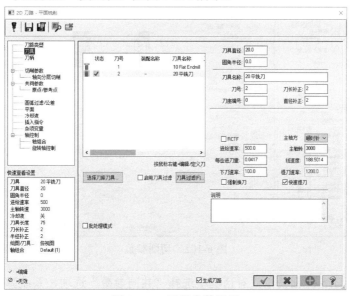

图 6-100　刀具参数设置

（6）在"2D刀路-平面铣削"对话框中选择"切削参数"选项，系统弹出"切削参数"设置项，该设置项用来设置切削的相关参数，如图6-101所示。

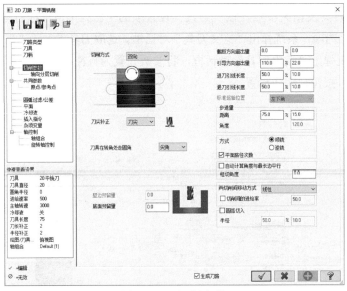

图6-101　切削参数

（7）在"2D刀路-平面铣削"对话框中选择"轴向分层切削"选项，系统弹出"轴向分层切削"设置项，勾选"轴向分层切削"复选框，设置最大粗切步进量为0.8，精修切削次数为1，精修步进为0.6，勾选"不提刀"复选框，如图6-102所示。

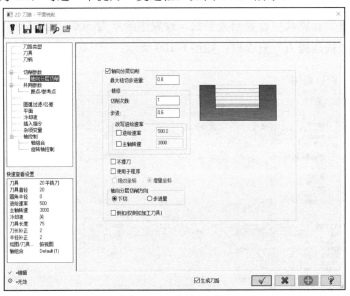

图6-102　切削参数

（8）在"2D刀路-平面铣削"对话框中选择"共同参数"选项，系统弹出"共同参数"设置项，该设置项用来设置二维刀具路径的共同参数，如图6-103所示。

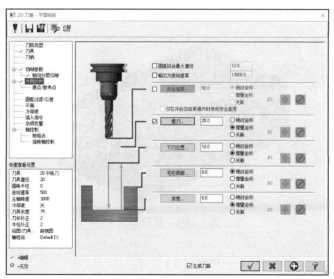

图 6-103 共同参数

(9) 系统便会根据所设参数生成刀具路径，如图 6-104 所示。

(10) 在刀路操作管理器中选择"属性"→"毛坯设置"命令，系统弹出"机器群组属性"对话框，单击"毛坯设置"标签，按照图 6-105 设置加工坯料的尺寸，单击"确定"按钮，完成参数设置。

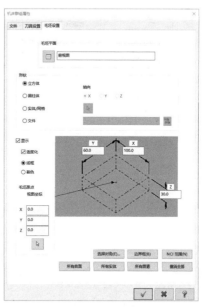

图 6-104 生成刀路　　　　　　图 6-105 设置毛坯

(11) 在选项卡中选择"机床"→"实体仿真"命令，系统弹出"验证"对话框，该对话框用来进行实体仿真的参数设置，在"验证"对话框中单击"播放"按钮，模拟结果如图 6-106 所示。

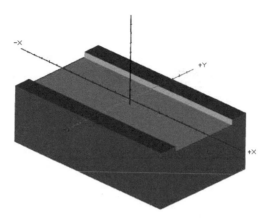

图 6-106　模拟结果

6.3.2　单向平面铣

在"2D 刀具路径-平面铣削"对话框中选择"切削参数"选项，系统弹出"切削参数"设置项，该设置项用来设置切削的相关参数。单击"切削方式"右侧的下拉按钮，在弹出的下拉列表中选择"单向"选项，设置面铣切削方式为单向切削，如图 6-107 所示。

图 6-107　单向平面铣

单向平面铣加工方式是指刀具沿切削方向走刀，到达另一侧后抬刀直接回到起始侧下一路径起点下刀进行切削，切削始终沿一个方向进行。

单向平面铣削是刀具沿单一方向进行加工的铣削方式，此种方式与双向平面铣削加工相比，缺点是效率比较低，优点是表面纹理一致，加工效果非常好。一般在客户要求的表面质量比较高时采用。

对如图 6-108 所示的焊接件前表面接触面进行加工，加工结果如图 6-109 所示。

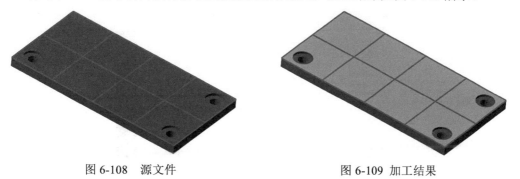

图 6-108 源文件　　　　　　　　　　　　图 6-109 加工结果

操作步骤：

(1) 在选项卡中选择"文件"→"打开"命令，打开"源文件\第 6 章\案例 6-7"，单击"确定"按钮完成文件的调取。

(2) 在选项卡中选择"刀路"→"2D"→"面铣"命令，系统弹出"线框串连"对话框，选取串连，方向如图 6-110 所示。单击"确定"按钮，完成选取。

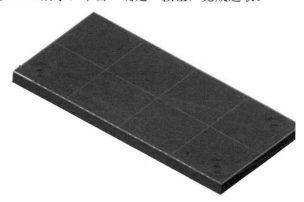

图 6-110 选取串连

(3) 系统弹出"2D 刀路-平面铣削"对话框，该对话框用来选取 2D 加工类型，选取类型为"平面铣削"。

(4) 在"2D 刀路-平面铣削"对话框中选择"刀具"选项，系统弹出"刀具"设置项，该设置项用来设置刀具及相关参数。在"刀具"设置项的空白处单击鼠标右键，从右键菜单中选择"创建刀具"选项，系统弹出"定义刀具"对话框，选取刀具类型为"平铣刀"。单击"下一步"按钮，系统弹出"编辑刀具"对话框，将参数设置为直径 D10 的平铣刀，如图 6-111所示，单击"完成"按钮，完成设置。

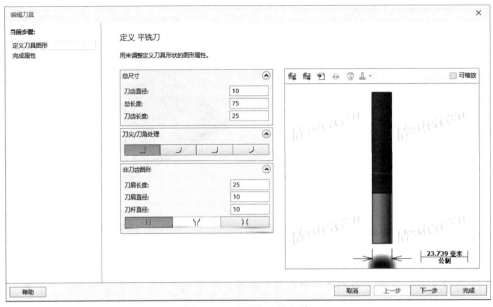

图 6-111　设置刀具参数

　　(5) 在"刀具"设置项中设置相关参数，设置进给率为 500，主轴转速为 3000，下刀速率为 200，勾选"快速提刀"复选框，如图 6-112 所示。

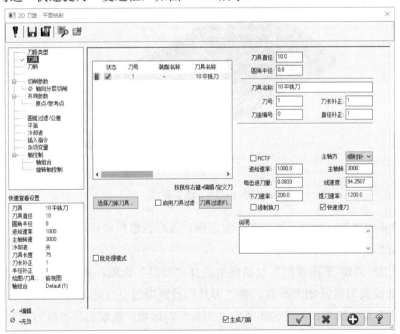

图 6-112　设置刀具参数

　　(6) 在"2D刀路-平面铣削"对话框中选择"切削参数"选项，系统弹出"切削参数"设置项，该设置项用来设置切削的相关参数，如图 6-113 所示。

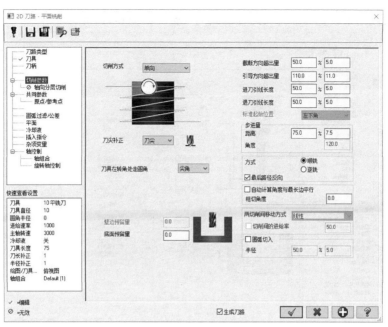

图 6-113　切削参数

(7) 在"2D刀路-平面铣削"对话框中选择"轴向分层切削"选项，系统弹出"轴向分层切削"设置项，勾选"轴向分层切削"复选框，设置最大粗切步进量为 0.8，精修切削次数为 1，精修步进为 0.6，勾选"不提刀"复选框，如图 6-114 所示。

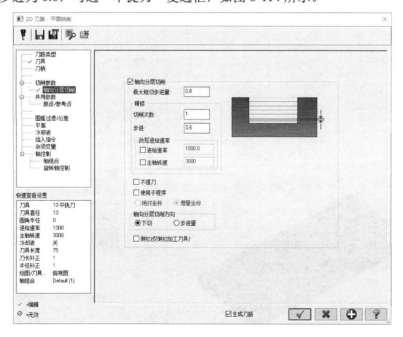

图 6-114　切削参数

(8) 在"2D刀路-平面铣削"对话框中选择"共同参数"选项，系统弹出"共同参数"设

置项，该设置项用来设置二维刀具路径的共同参数，如图 6-115 所示。

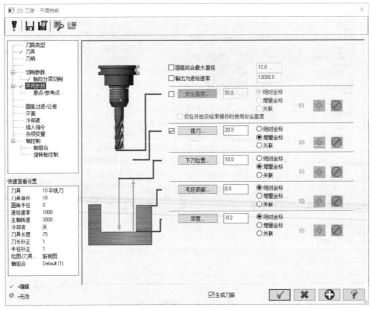

图 6-115　共同参数

(9) 系统便会根据所设参数生成刀具路径，如图 6-116 所示。

(10) 在刀路操作管理器中选择"属性"→"毛坯设置"命令，系统弹出"机器群组属性"对话框，单击"毛坯设置"标签，按照图 6-117 设置加工坯料的尺寸，单击"确定"按钮，完成参数设置。

图 6-116　生成刀路

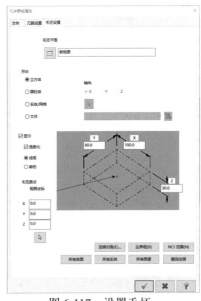

图 6-117　设置毛坯

(11) 在选项卡中选择"机床"→"实体仿真"命令，系统弹出"验证"对话框，该对话框用来进行实体仿真的参数设置,在"验证"对话框中单击"播放"按钮,模拟结果如图6-118所示。

图 6-118　模拟结果

6.3.3　一刀式平面铣

在"2D刀路-平面铣削"对话框中选择"切削参数"选项,系统弹出"切削参数"设置项,该设置项用来设置切削的常用参数。单击"切削方式"右侧的下拉按钮,在弹出的下拉列表中选择"一刀式"选项,设置切削方式为"一刀式",如图6-119所示。

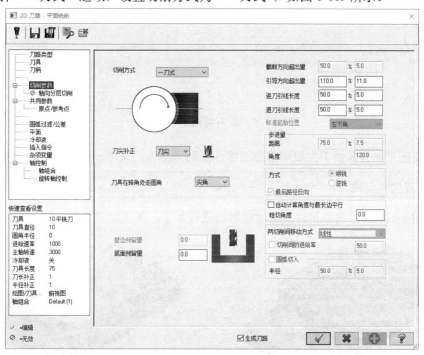

图 6-119　一刀式平面铣

一刀式平面铣削加工,刀具只走一次刀轨即可加工完毕,主要用于加工小零件,并采用大的面铣刀进行加工。一般用于加工批量小零件的某个面。

6.3.4 动态视图平面铣

在"2D 刀路-平面铣削"对话框中选择"切削参数"选项，系统弹出"切削参数"设置项，该设置项用来设置切削的常用参数。单击"切削方式"右侧的下拉按钮，在弹出的下拉列表中选择"动态"选项，设置面铣切削方式为动态视图平面铣切削，如图 6-120 所示。

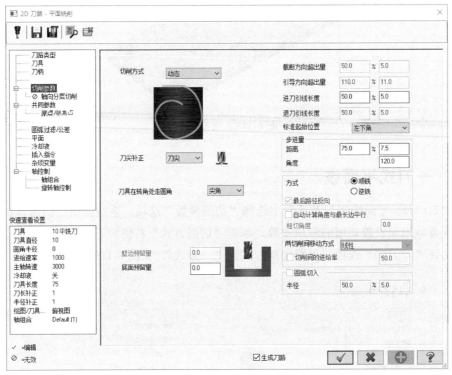

图 6-120　动态视图平面铣方式

动态视图平面铣削加工主要用于加工零件上的局部面，采用一般的铣刀进行铣削。

案例 6-8：双向平面铣

对如图 6-121 所示的焊接件前表面接触面进行加工，加工结果如图 6-122 所示。

图 6-121　源文件

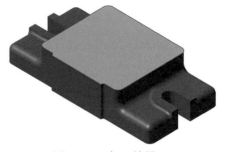

图 6-122　加工结果

操作步骤：

(1) 在选项卡中选择"文件"→"打开"命令，打开"源文件\第 6 章\案例 6-8"，单击"确定"按钮完成文件的调取。

(2) 在选项卡中选择"刀路"→"2D"→"面铣"命令，系统弹出"线框串连"对话框，选取串连，方向如图 6-123 所示。单击"确定"按钮，完成选取。

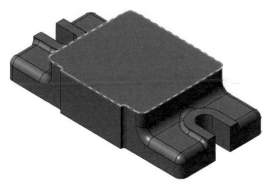

图 6-123   选取串连

(3) 系统弹出"2D 刀路-平面铣削"对话框，该对话框用来选取 2D 加工类型，选取类型为"平面铣削"。

(4) 在"2D刀路-平面铣削"对话框中选择"刀具"选项，系统弹出"刀具"设置项，该设置项用来设置刀具及相关参数。在"刀具"设置项的空白处单击鼠标右键，从右键菜单中选择"创建刀具"选项，系统弹出"定义刀具"对话框，选取刀具类型为"平铣刀"。单击"下一步"按钮，进入"定义刀具图形"选项组，将参数设置为直径 D8 的平铣刀，如图 6-124 所示。单击"完成"按钮，完成设置。

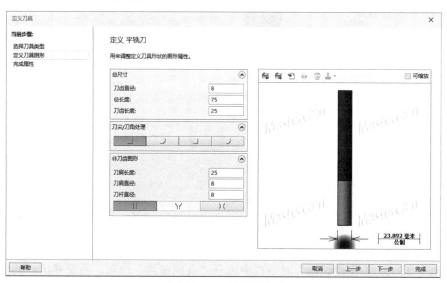

图 6-124   设置刀具参数

(5) 在"刀具"设置项中设置相关参数，设置进给率为 500，主轴转速为 3000，下刀速率为 200，勾选"快速提刀"复选框，如图 6-125 所示。

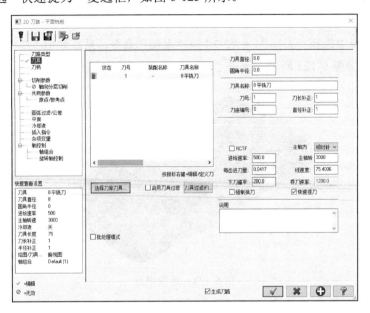

图 6-125　设置刀具参数

(6) 在"2D刀路-平面铣削"对话框中选择"切削参数"选项，系统弹出"切削参数"设置项，该设置项用来设置切削的相关参数，如图 6-126 所示。

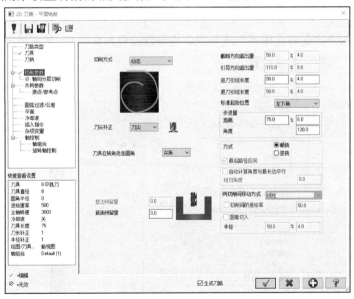

图 6-126　切削参数

(7) 在"2D 刀路-平面铣削"对话框中选择"共同参数"选项，系统弹出"共同参数"设置项，该设置项用来设置二维刀具路径的共同参数，如图 6-127 所示。

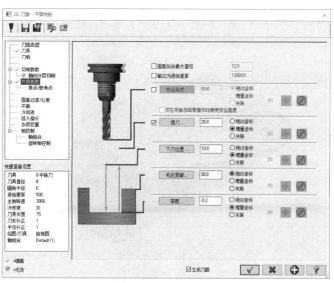

图 6-127　共同参数

(8) 系统便会根据所设参数生成刀具路径，如图 6-128 所示。

(9) 在刀路操作管理器中选择"属性"→"毛坯设置"命令，系统弹出"机器群组属性"对话框，单击"毛坯设置"标签，按照图 6-129 设置加工坯料的尺寸，单击"确定"按钮，完成参数设置。

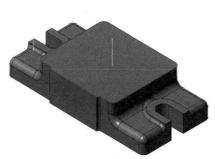

图 6-128　生成刀路

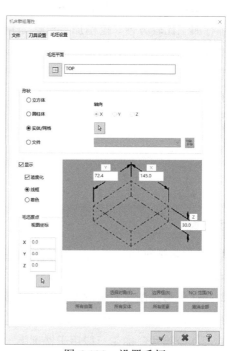

图 6-129　设置毛坯

(10) 在选项卡中选择"机床"→"实体仿真"命令，系统弹出"验证"对话框，该对话框用来进行实体仿真的参数设置，在"验证"对话框中单击"播放"按钮，模拟结果如图 6-130 所示。

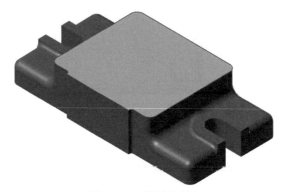

图 6-130　模拟结果

6.4　本章小结

本章主要讲解了外形铣削加工、挖槽加工及平面铣加工。2D外形铣削加工是最基本的加工方式，用户需要重点掌握。倒角加工和残料加工在实际工作中会经常用到，对倒角和角落残料进行加工比较方便。挖槽加工包括 2D挖槽、平面铣削、使用岛屿深度、残料加工、开方式挖槽等加工方式。二维挖槽刀具路径是 Mastercam 系统中非常好的刀路，计算时间短，加工效率高。平面铣加工包括单向、双向、一刀式和动态 4 种加工方式。平面铣主要用于对加工前的毛坯进行开粗或对产品平面进行加工，它有多种加工方式，用户可以根据实际情况进行选择。

6.5　练习题

一、填空题

1．外形铣削包括＿＿＿＿＿、＿＿＿＿＿、＿＿＿＿＿、＿＿＿＿＿、＿＿＿＿＿5 种加工方式。

2．3D 外形铣削按照选取的＿＿＿＿＿进行走刀。

3．二维挖槽加工主要用来切除＿＿＿＿＿或＿＿＿＿＿的外形所包围的材料(槽形)。

4．2D 挖槽残料加工一般用于铣削上一次挖槽加工后留下的＿＿＿＿＿＿。残料加工可以用来加工以前加工预留的部分，也可以用来加工由于采用大直径刀具在＿＿＿＿＿处不能被铣削的部分。

5．平面铣削专门用来铣_____或_____，可以消除坯料或零件表面的不平、沙眼之处等，提高坯料或零件的平整度、表面光滑度。

6．面铣加工通常采用_____面铣刀，对工件表面材料进行快速去除。

二、上机题

1．采用外形铣削进行加工，加工图形及加工结果如图 6-131 至图 6-134 所示。

图 6-131　外形倒角加工图形

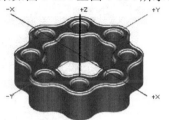

图 6-132　外形倒角加工结果

图 6-133　外形铣削斜插加工图形

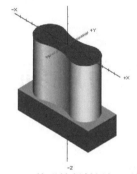

图 6-134　外形铣削斜插加工结果

2．采用挖槽加工对图 6-135 所示的图形进行加工，加工结果如图 6-136 所示。

图 6-135　使用岛屿深度加工图形

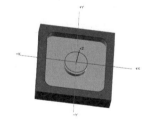

图 6-136　使用岛屿深度加工结果

第7章
钻孔与雕刻

钻削加工主要针对的是圆孔，主要有钻孔、全圆铣削和螺旋镗孔等刀路类型。一般采用麻花钻进行钻削加工，但当孔径较大时，可以采用铣刀进行铣削加工。

雕刻加工主要用雕刻刀具对文字及产品装饰图案进行雕刻加工，以提高产品的美观性。一般加工深度不大，但加工主轴转速比较高。雕刻加工主要用于二维加工，加工的类型有很多种，如线条雕刻加工、凸型雕刻加工、凹形雕刻加工等，根据选取的二维线条的不同而有所差别。

 学习目标

✧ 掌握钻孔的基本操作技巧。

✧ 掌握雕刻加工的操作技巧。

本章教学视频

7.1　钻削

钻削加工主要针对的是圆孔，包括钻孔、全圆铣削和螺旋镗孔等刀路类型，下面将对其进行详细介绍。

7.1.1　钻削加工

钻孔刀具路径主要用于钻孔、镗孔和攻牙等加工。钻孔加工除了要设置通用参数外还要设置专用钻孔参数。

在选项卡中选择"刀路"→"2D"→"钻孔"命令，选取钻孔点后单击"确定"按钮，系统弹出"2D 刀路-钻孔/全圆铣削深孔钻-无啄孔"对话框，选取类型为"钻孔"，如图 7-1 所示。

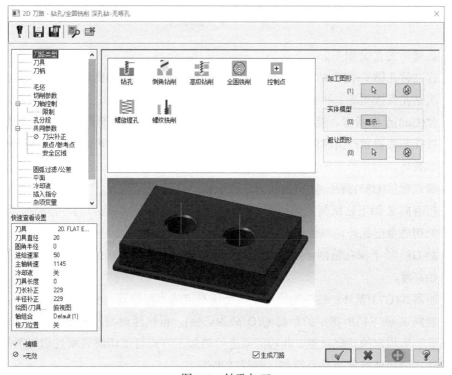

图 7-1　钻孔加工

159

Mastercam 系统提供了多种类型的钻孔循环，在"2D 刀路-钻孔/全圆铣削深孔钻-无啄孔"对话框中选择"切削参数"选项，进入"切削参数"设置项，单击"循环方式"右侧的下拉按钮，系统便会弹出 6 种钻孔循环和自设循环类型，如图 7-2 所示。

图 7-2   钻孔循环

各钻孔循环的含义如下。

◇ 标准钻孔钻头/沉头钻(G81/G82)循环：标准钻孔(G81/G82)循环是一般简单钻孔，一次钻孔直接到底。执行此指令时，钻头先快速定位至所指定的坐标位置，再快速定位(G00)至参考点，接着以所指定的进给速率 F 向下钻削至所指定的孔底位置，可以在孔底设置停留时间 P，最后快速退刀至起始点(G98 模式)或参考点(G99 模式)完成循环。

◇ 深孔啄钻(G83)循环：钻头先快速定位至所指定的坐标位置，再快速定位至参考高度，接着向 Z 轴下钻所指定的距离 Q(Q 必为正值)，再快速退回到参考高度，这样便可把切屑带出孔外，以免切屑将钻槽塞满而增加钻削阻力或使切削剂无法到达切边，故 G83 适于深孔钻削，依此方式一直钻孔到所指定的孔底位置，最后快速抬刀到起始高度。

◇ 断屑式(G73)循环：钻头先快速定位至所指定的坐标位置，再快速定位参考高度，接着向 Z 轴下钻所指定的距离 Q(Q 必为正值)，再快速退回距离 d，依此方式一直钻孔到所指定的孔底位置。此种间歇进给的加工方式可使切屑裂断且切削剂易到达切边，进而使排屑容易且冷却、润滑效果佳。

❖ 攻牙(G84)循环：攻牙(G84)循环用于右手攻牙，使主轴正转，刀具先快速定位至所指定的坐标位置，再快速定位至参考高度，接着攻牙至所指定的孔座位置，主轴改为反转且同时向 Z 轴正方向退回至参考高度，退至参考高度后主轴会恢复原来的正转。

❖ Bore #1(镗孔 G85)循环：镗刀或铰刀先快速定位至所指定的坐标位置，再快速定位至参考高度，接着以所指定的进给速率向下铰削至所指定的孔座位置，仍以所指定的进给速率向上退刀。对孔进行两次镗削，能产生光滑的镗孔效果。

❖ Bore #2(镗孔 G86)循环：镗刀先快速定位至所指定的坐标位置，再快速定位至参考高度，接着以所指定的进给速率向下铰削至所指定的孔座位置，停止主轴旋转，以 G00 速度回抽至原起始高度，而后主轴再恢复顺时针旋转。

7.1.2　全圆铣削

全圆铣削主要是用来铣削圆轮廓的，一般沿圆轮廓进行加工。全圆铣削参数和外形铣削参数相似，只是进刀方式有些区别。

在选项卡中选择"刀路"→"2D"→"钻孔"命令，选取钻孔点后单击"确定"按钮，系统弹出"2D 刀路-钻孔/全圆铣削深孔钻-无啄孔"对话框，选取刀具路径类型为"全圆铣削"，如图 7-3 所示。

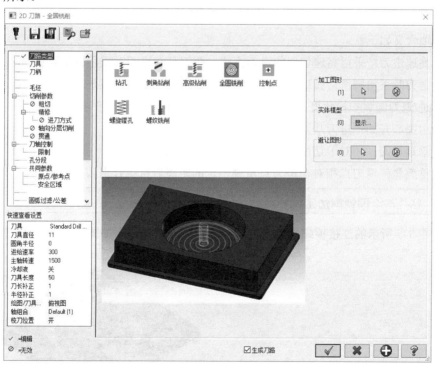

图 7-3　全圆铣削加工

在"2D 刀路-全圆铣削"对话框中选择"进刀方式"选项，系统弹出"进刀方式"设置项，如图 7-4 所示。

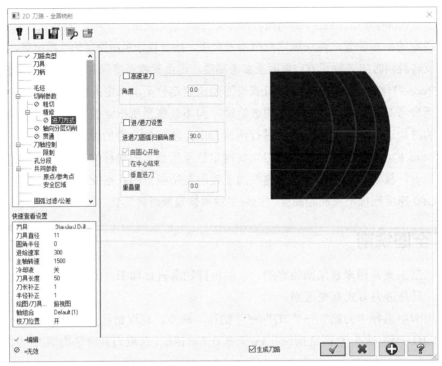

图 7-4　进刀方式

各选项含义如下。

❖ 高速进刀：采用高速切削的进刀方式，即刀具在进刀时采用圆滑切弧进入工件，在退刀时采用圆滑切弧退出工件。还可以设置以一定的角度进/退刀。

❖ 进/退刀圆弧扫描角度：用来设置在以圆弧进退刀时圆弧包含的角度。

❖ 由圆心开始：进刀从圆心开始，退刀到圆心结束。

❖ 垂直进刀：相对于切削圆弧采用垂直的方式进刀。

❖ 重叠量：退刀点相对于进刀点重叠一定的距离后再执行退刀。

案例 7-1：钻孔与全圆铣削加工

对如图 7-5 所示的连接板螺丝过孔进行钻孔加工，加工结果如图 7-6 所示。

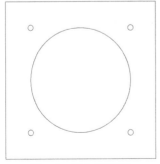

图 7-5　待加工图形

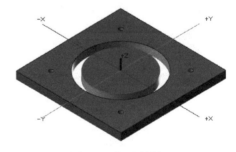

图 7-6　加工结果

操作步骤:

(1) 在选项卡中选择"文件"→"打开"命令,打开"源文件\第 7 章\案例 7-1",单击"确定"按钮完成文件的调取。

(2) 在选项卡中选择"刀路"→"2D"→"钻孔"命令,系统弹出"刀路孔定义"对话框,选取 4 个小圆的圆心点,如图 7-7 所示。单击"确定"按钮,完成选取。

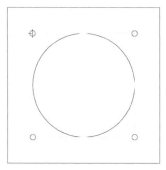

图 7-7　选取钻孔的点

(3) 系统弹出"2D 刀路-钻孔/全圆铣削深孔钻-无啄孔"对话框,该对话框用来选取 2D 加工类型,选取类型为"钻孔",如图 7-8 所示。

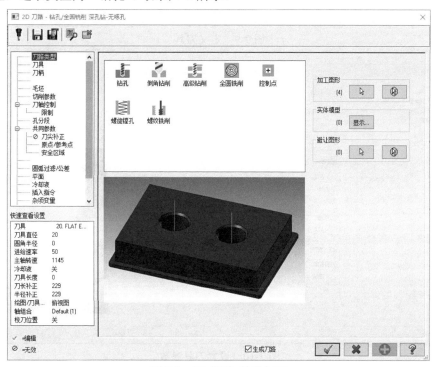

图 7-8　2D 刀路-钻孔加工

(4) 在"2D 刀路-钻孔/全圆铣削深孔钻-无啄孔"对话框中选择"刀具"选项,系统弹出"刀具"设置项,该设置项用来设置刀具及相关参数。

(5) 在"刀具"设置项的空白处单击鼠标右键，从右键菜单中选择"创建刀具"选项，系统弹出"定义刀具"对话框，选取刀具类型为"钻头"，如图 7-9 所示。单击"下一步"按钮，进入"定义刀具图形"选项组，将参数设置为直径 D11 的钻头，如图 7-10 所示。单击"完成"按钮，完成设置。

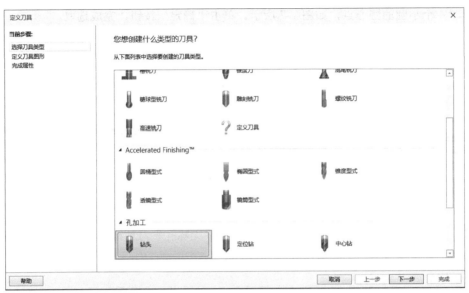

图 7-9　定义刀具

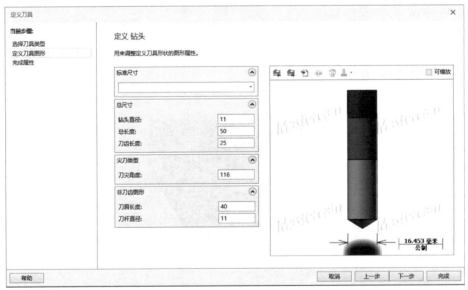

图 7-10　设置刀具参数

(6) 在"刀具"设置项中设置相关参数，如图 7-11 所示。

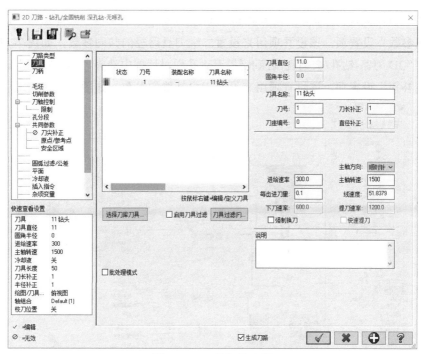

图 7-11　刀具相关参数

(7) 在"2D 刀路-钻孔/全圆铣削深孔钻-无啄孔"对话框中选择"切削参数"选项，系统弹出"切削参数"设置项，该设置项用来设置切削的相关参数，如图 7-12 所示。

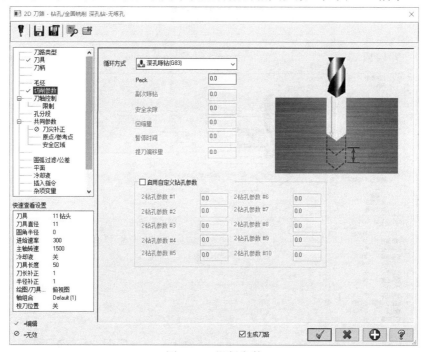

图 7-12　切削参数

(8) 在"2D 刀路-钻孔/全圆铣削深孔钻-无啄孔"对话框中选择"共同参数"选项，系统弹出"共同参数"设置项，该设置项用来设置二维刀具路径的共同参数，如图 7-13 所示。

(9) 在"2D 刀路-钻孔/全圆铣削深孔钻-无啄孔"对话框中选择"刀尖补正"选项，系统弹出"刀尖补正"设置项，该设置项用来设置刀尖补偿的参数，如图 7-14 所示。

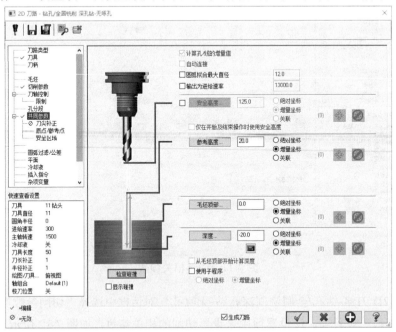

图 7-13　共同参数

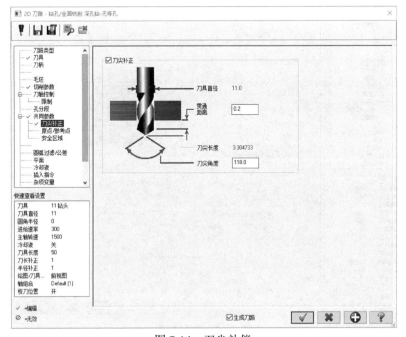

图 7-14　刀尖补偿

(10) 系统便会根据所设参数生成钻孔刀具路径，如图 7-15 所示。

(11) 在选项卡中选择"刀路"→"钻孔"命令，系统弹出"刀路孔定义"对话框，选取大圆的圆心，如图 7-16 所示。单击"确定"按钮，完成选取。

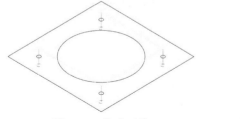

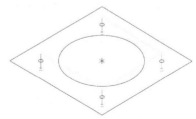

图 7-15　生成刀路　　　　　　　　图 7-16　选取钻孔点

(12) 系统弹出"2D 刀路-钻孔/全圆铣削深孔钻-无啄孔"对话框，该对话框用来选取 2D 加工类型，选取类型为"全圆铣削"。

(13) 在"2D 刀路-全圆铣削"对话框中选择"刀具"选项，系统弹出"刀具"设置项，该设置项用来设置刀具及相关参数。

(14) 在"刀具"设置项的空白处单击鼠标右键，从右键菜单中选择"创建刀具"选项，系统弹出"定义刀具"对话框，选取刀具类型为"平铣刀"。单击"下一步"按钮，将参数设置为直径 D20 的平铣刀，单击"完成"按钮，完成设置。

(15) 在"刀具"设置项中设置相关参数，设置进给率为 500，主轴转速为 3500，下刀速率为 100。

(16) 在"2D 刀路-全圆铣削"对话框中选择"切削参数"选项，系统弹出"切削参数"设置项，该设置项用来设置切削的相关参数，如图 7-17 所示。

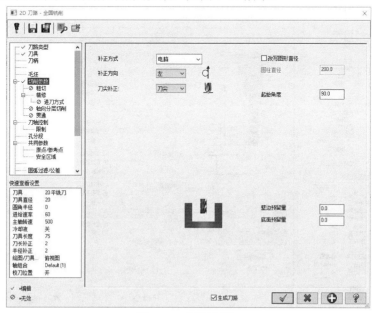

图 7-17　切削参数

(17) 在"2D刀路-全圆铣削"对话框中选择"轴向分层切削"选项,系统弹出"轴向分层切削"设置项,该设置项用来设置刀具在深度方向上的切削参数,如图7-18所示。

(18) 在"2D刀路-全圆铣削"对话框中选择"共同参数"选项,系统弹出"共同参数"设置项,该设置项用来设置二维刀具路径的共同参数,如图7-19所示。

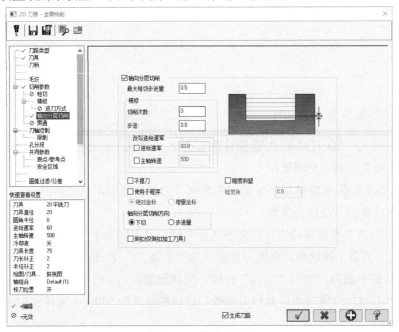

图 7-18　轴向切削

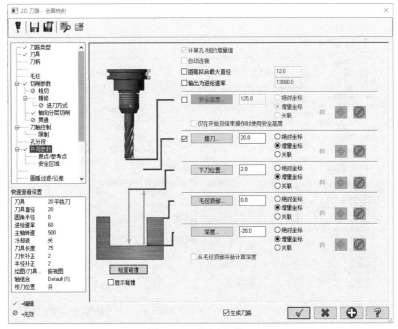

图 7-19　共同参数

(19) 系统便会根据所设的参数生成钻孔刀具路径，如图 7-20 所示。

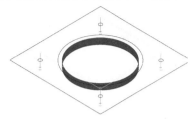

图 7-20　生成刀轨

(20) 在刀路操作管理器中选择"属性"→"毛坯设置"命令，系统弹出"机器群组属性"对话框，单击"毛坯设置"标签，进入"毛坯设置"选项组，按照图 7-21 设置加工坯料的尺寸，单击"确定"按钮，完成参数设置。

(21) 坯料设置结果如图 7-22 所示，虚线框显示的即为毛坯。

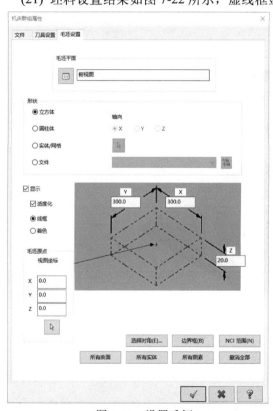

图 7-21　设置毛坯

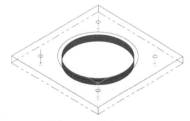

图 7-22　毛坯

(22) 在选项卡中选择"机床"→"实体模拟"命令，系统弹出"验证"对话框，该对话框用来设置实体模拟的参数，如图 7-23 所示。

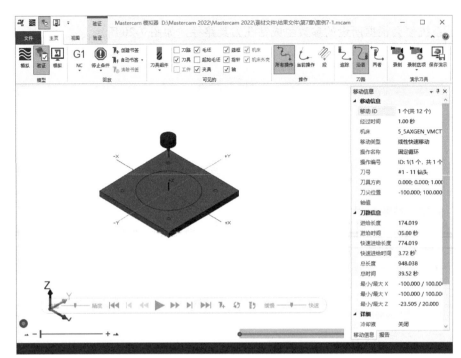

图 7-23　"验证"对话框

(23) 在"验证"对话框中单击"播放"按钮，模拟结果如图 7-24 所示。

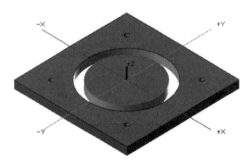

图 7-24　模拟结果

7.1.3　螺旋镗孔

螺旋镗孔和全圆铣削类似，主要采用铣削的方式来加工孔。与全圆加工不同的是，螺旋镗孔是采用螺旋向下的方式进行加工，避免全圆铣削在下刀处切削负荷不均匀。螺旋镗孔采用螺旋向下的方式加工，切削负荷平稳，也是比较实用的扩孔加工或直接铣孔加工。

在选项卡中选择"刀路"→"2D"→"钻孔"命令，选取钻孔点后单击"确定"按钮，系统弹出"2D刀路-钻孔/全圆铣削深孔钻-无啄孔"对话框，再选择刀具路径类型为"螺旋镗孔"，系统弹出"2D刀路-螺旋镗孔"对话框，如图 7-25 所示。

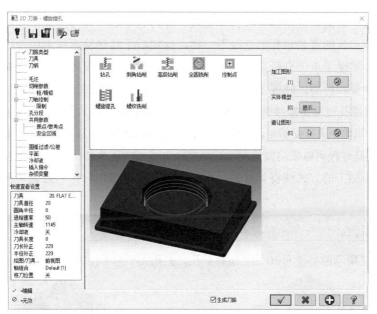

图 7-25　螺旋镗孔

在"2D刀路-螺旋镗孔"对话框中选择"切削参数"选项，系统弹出"切削参数"设置项，如图 7-26 所示。

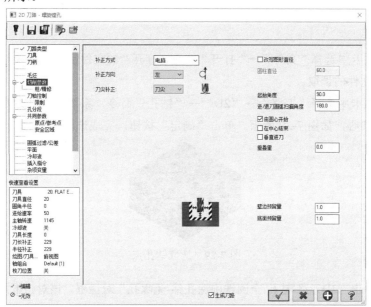

图 7-26　切削参数

该设置项参数与"2D刀路-全圆铣削"对话框中的"切削参数"设置项参数相似，另外还需要用户设置螺旋镗孔的圆柱直径，即螺旋加工的直径。

与传统的钻削加工相比，螺旋镗孔采用了完全不同的加工方式。螺旋镗孔过程由主轴的"自转"和主轴绕孔中心的"公转"两个运动复合而成，这种特殊的运动方式决定了螺旋镗孔的优势。

首先，刀具中心的轨迹是螺旋线而非直线，即刀具中心不再与所加工孔的中心重合，属偏心加工过程。刀具的直径与孔的直径不一样，这突破了传统钻孔技术中一把刀具加工同一直径孔的限制，实现了单一直径刀具加工一系列直径孔。这不仅提高了加工效率，同时也大大减少了存刀数量和种类，降低了加工成本。

其次，螺旋镗孔过程是断续铣削过程，有利于刀具的散热，从而降低了因温度累积而造成刀具磨损失效的风险。更重要的是，与传统钻孔相比，螺旋镗孔过程在冷却液的使用上有了很大的改进，整个铣孔过程可以采用微量润滑甚至空冷方式来实现冷却，是一个绿色环保的过程。

最后，偏心加工的方式使得切屑有足够的空间从孔槽排出，排屑方式不再是影响孔质量的主要因素。

案例 7-2：螺旋镗孔

对如图 7-27 所示的半径为 20 的孔进行扩孔，扩孔大小为半径 30，加工结果如图 7-28 所示。

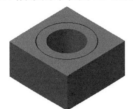

图 7-27 待加工模型

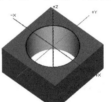

图 7-28 铣孔结果

操作步骤：

(1) 在选项卡中选择"文件"→"打开"命令，打开"源文件\第7章\案例 7-2"，单击"确定"按钮完成文件的调取。

(2) 在选项卡中选择"刀路"→"2D"→"钻孔"命令，系统弹出"刀路孔定义"对话框，选取圆的圆心，如图 7-29 所示。单击"确定"按钮，完成选取。

图 7-29 选取钻孔点

(3) 系统弹出"2D刀路-钻孔/全圆铣削深孔钻-无啄孔"对话框，该对话框用来选取 2D 加工类型，选取类型为"螺旋镗孔"。

(4) 在"2D刀路-螺旋镗孔"对话框中选择"刀具"选项，系统弹出"刀具"设置项，该设置项用来设置刀具及相关参数。

(5) 在"刀具"设置项的空白处单击鼠标右键，从右键菜单中选择"创建刀具"选项，系统弹出"定义刀具"对话框，选取刀具类型为"平铣刀"。单击"下一步"按钮，将参数设置为直径 D20 的平铣刀，单击"完成"按钮，完成设置。

(6) 在"刀具"设置项中设置相关参数，设置进给率为 1000，主轴转速为 3000，下刀速率为 500。

(7) 在"2D 刀路-螺旋镗孔"对话框中选择"切削参数"选项，系统弹出"切削参数"设置项，该设置项用来设置切削的相关参数，如图 7-30 所示。

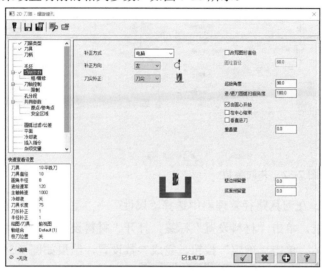

图 7-30　切削参数

(8) 在"2D 刀路-螺旋镗孔"对话框中选择"粗/精修"选项，系统弹出"粗/精修"设置项，该设置项用来设置二维刀具路径深度分层切削参数，如图 7-31 所示。

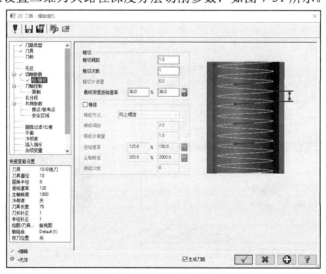

图 7-31　深度切削

(9) 在"2D 刀路-螺旋镗孔"对话框中选择"共同参数"选项，系统弹出"共同参数"设置项，该设置项用来设置二维刀具路径的共同参数，如图 7-32 所示。

(10) 系统便会根据所设参数生成钻孔刀具路径，如图 7-33 所示。

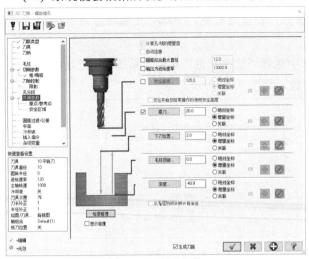

图 7-32　共同参数

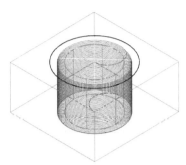

图 7-33　生成刀轨

(11) 设置毛坯。在刀具路径管理器中选择"属性"→"毛坯设置"命令，系统弹出"机器群组属性"对话框，单击"材料设置"标签，打开"材料设置"选项组，如图 7-34 所示。设置加工坯料为实体，单击"确定"按钮，完成参数设置，结果如图 7-35 所示。

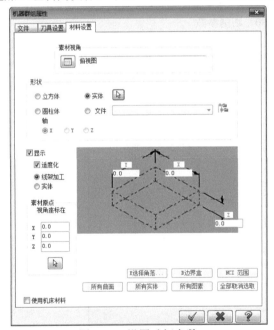

图 7-34　设置毛坯参数

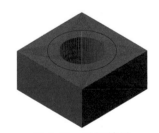

图 7-35　毛坯结果

(12) 在刀路操作管理器中选中所有刀轨，在选项卡中选择"机床"→"实体模拟"命令，系统弹出"验证"对话框，该对话框用来设置实体模拟的参数，在"验证"对话框中单击"播放"按钮，模拟结果如图 7-36 所示。

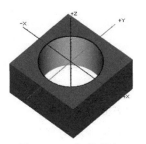

图 7-36　实体模拟

7.2　雕刻

雕刻加工有 3 组参数需要设置，除了"刀具参数"外，还有"木雕参数"和"粗切/精修参数"，根据加工类型不同，需要设置的参数也不相同。

雕刻加工的参数与挖槽非常类似，在这里将对不同之处进行介绍。雕刻加工需要设置的参数主要是"粗切/精修参数"，在雕刻对话框中单击"粗切/精修参数"标签，进入"粗切/精修参数"选项组，如图 7-37 所示。

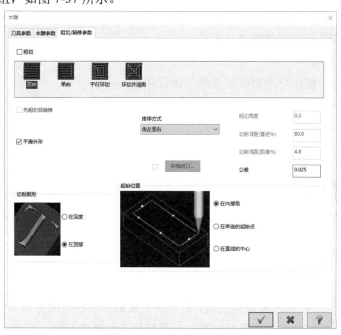

图 7-37　粗切/精修参数

7.2.1　粗加工

雕刻加工的粗切方式与挖槽类似，主要用来设置粗切走刀方式。走刀方式共有 4 种，如图 7-38 至图 7-41 所示。其中前两种是线性刀路，后两种是环切刀路。

各参数含义如下。

◇ 双向切削：刀具切削采用来回走刀的方式，中间不做提刀动作。

◇ 单向切削：刀具只按某一方向切削到终点后抬刀返回起点，再以同样的方式进行循环。

◇ 平行环切：刀具采用环绕的方式进行切削。

◇ 环切并清角：刀具采用环绕并清角的方式进行切削。

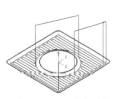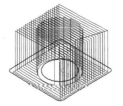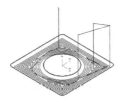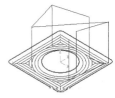

图 7-38　双向切削　　　图 7-39　单向切削　　　图 7-40　平行环切　　　图 7-41　环切并清角

7.2.2　加工顺序

在"粗切/精修参数"选项组中单击"排序方式"右侧的下拉按钮，系统弹出"排序方式"下拉列表。排序方式有"选择顺序""由上至下"和"由左至右" 3 种，用来设置当雕刻的线架由多个区域组成时粗切/精修的加工顺序。

各参数含义如下。

◇ 选择排序：按用户选取串连的顺序进行加工。

◇ 由上至下：按从上往下的顺序进行加工。

◇ 由左至右：按从左往右的顺序进行加工。

具体选择哪种方式还要视选取的图形而定。

7.2.3　切削参数

雕刻切削参数包括粗切角度、切削间距、切削图形等。下面将分别进行讲解。

1．粗切角度

粗切角度只有当粗切的方式为双向切削或单向切削时才能被激活，在"粗切/精修参数"选项组的"粗切角度"栏输入粗切角度值，即可设置雕刻加工的切削方向与 X 轴的夹角方向。此处默认值为 0。有时为了达到切削效果，可将粗加工的角度和精加工角度交错开，即将粗加工设置不同的角度来达到目的。

2．切削间距

切削间距用来设置切削路径之间的距离，避免刀具间距过大，导致刀具损伤或加工后出现过多的残料。一般设为 60%~75%，如果是 V 形刀，即为刀具底下有效距离的 60%~75%。

3．切削图形

由于雕刻刀具采用 V 形刀具，加工后的图形呈现上大下小的槽形。切削图形就是用来控制刀具路径是在深度上，还是在坯料顶部采用所选串连外形的形式，也就是选择让加工结果在深度上(即底部)反映设计图形，还是在顶部反映设计图形。

各参数含义如下。

◇　在深度：加工结果在加工的最后深度上与加工图形保持一致，而顶部比加工图形要大。

◇　在顶部：加工结果在顶端加工出来的形状与加工图形保持一致，底部比加工图形要小。

4．平滑外形

平滑外形是指系统对图形中某些局部区域不便加工的折角部分进行平滑化处理，使其便于刀具加工。

5．斜插进刀

斜插进刀是指刀具在槽形工件内部采用斜向下刀的方式进刀，避免直接进刀对刀具造成损伤，或对工件造成损伤。采用斜插下刀利于刀具平滑、顺利地进入工件。

6．起始位置

起始位置用于设置雕刻的刀具路径的起始位置，适合雕刻线条，包括在内部角、在串连的起始点和在直线的中心 3 个选项。

各参数含义如下。

◇　在内部角：将线架的内部转折的角点作为进刀点。

◇　在串连的起始点：将选取的串连起始点作为进刀点。

◇　在直线的中心：将直线的中点作为进刀点。

案例 7-3：线条雕刻加工

对如图 7-42 所示的图形进行投影加工，加工结果如图 7-43 所示。

图 7-42　源文件

图 7-43　加工结果

操作步骤：

(1) 在选项卡中选择"文件"→"打开"命令，打开"源文件\第 7 章\案例 7-3"，单击"确定"按钮完成文件的调取。

(2) 在选项卡中选择"刀路"→"2D"→"木雕"命令，系统弹出"线框串连"对话框，单击"串连"按钮，在绘图区选取所有串连，单击"确定"按钮，完成选取。

(3) 系统弹出"木雕"对话框，该对话框用来设置雕刻加工所需要的加工参数。

(4) 在"刀具参数"选项组的空白处单击鼠标右键，从右键菜单中选择"创建刀具"选项，系统弹出"定义刀具"对话框，选取刀具类型为"雕刻铣刀"，如图 7-44 所示。单击"下一步"按钮，进入"定义刀具图形"选项组，将参数设置为直径 D6 的雕刻刀，设置刀尖直径为 0.2，如图 7-45 所示。单击"完成"按钮，完成设置。

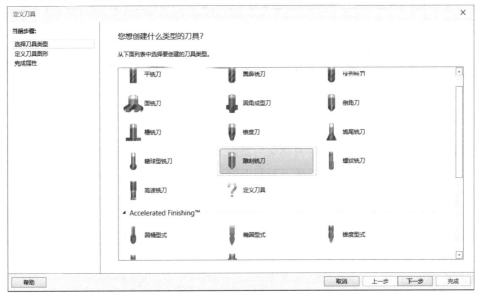

图 7-44　定义刀具

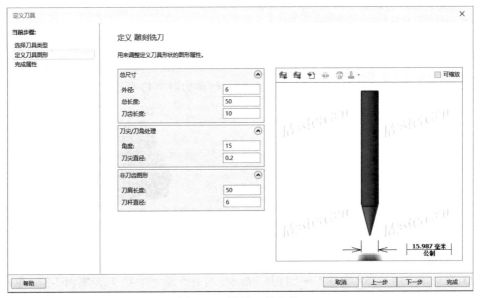

图 7-45　设置刀具参数

(5) 在"刀具参数"选项组中设置相关参数，如图 7-46 所示。

(6) 在"木雕"对话框中单击"木雕参数"标签，系统弹出"木雕参数"选项组，该选项组用来设置二维共同参数，将深度设为-1，单击"确定"按钮，完成参数设置，如图 7-47 所示。

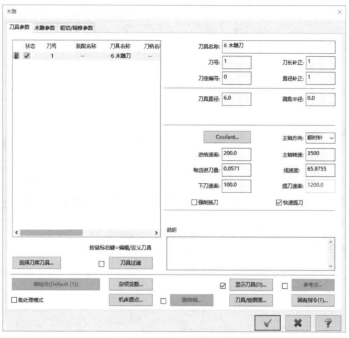

图 7-46　刀具相关参数

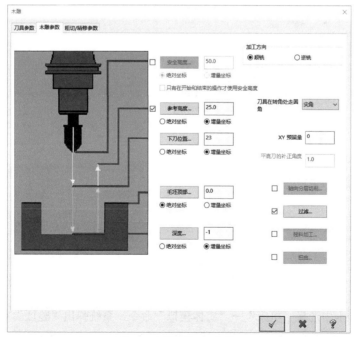

图 7-47　雕刻加工参数

(7) 在"木雕"对话框中单击"确定"按钮，系统便会根据设置的参数生成刀具路径，如图 7-48 所示。

图 7-48　刀具路径

(8) 在刀路操作管理器中选择"属性"→"毛坯设置"命令，系统弹出"机器群组属性"对话框，单击"毛坯设置"标签，打开"毛坯设置"选项组，按照图 7-49 设置加工坯料的尺寸，单击"确定"按钮，完成参数设置。

(9) 坯料设置结果如图 7-50 所示，虚线框显示的即为毛坯。

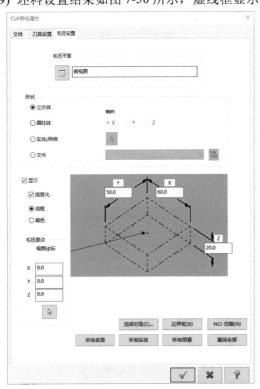

图 7-49　设置毛坯

图 7-50　毛坯

(10) 在选项卡中选择"机床"→"实体模拟"命令，系统弹出"验证"对话框，该对话框用来设置实体模拟的参数。在"验证"对话框中单击"播放"按钮，模拟结果如图 7-51 所示。

图 7-51　实体模拟

案例 7-4：凹形雕刻加工

对如图 7-52 所示的图形进行凹形雕刻加工，加工结果如图 7-53 所示。

图 7-52　源文件

图 7-53　加工结果

操作步骤：

(1) 在选项卡中选择"文件"→"打开"命令，打开"源文件\第 7 章\案例 7-4"，单击"确定"按钮完成文件的调取。

(2) 在选项卡中选择"刀路"→"2D"→"木雕"命令，系统弹出"线框串连"对话框，单击"串连"按钮，在绘图区选取所有串连，如图 7-54 所示。单击"确定"按钮，完成选取。

图 7-54　选择线框串连

(3) 系统弹出"木雕"对话框，该对话框用来设置雕刻加工所需要的加工参数。

(4) 在"刀具参数"选项组的空白处单击鼠标右键，从右键菜单中选择"创建刀具"选项，系统弹出"定义刀具"对话框，如图 7-55 所示。选取刀具类型为"雕刻铣刀"，将参数设置为直径 D6 的雕刻刀，设置刀尖直径为 0.2，如图 7-56 所示。单击"完成"按钮，完成设置。

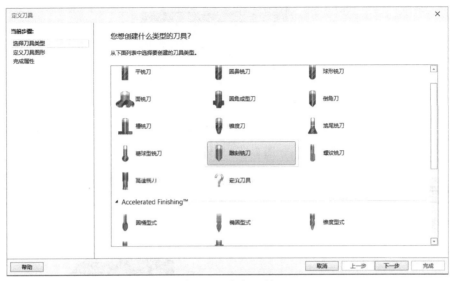

图 7-55　定义刀具

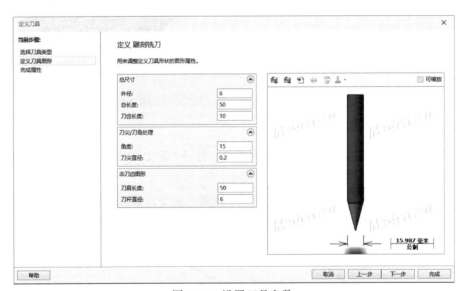

图 7-56　设置刀具参数

(5) 在"刀具参数"选项组中设置相关参数，如图 7-57 所示。

(6) 在"木雕"对话框中单击"木雕参数"标签，系统弹出"木雕参数"选项组，该选项组用来设置二维共同参数，将深度设为-0.2，单击"确定"按钮，完成参数设置，如图 7-58 所示。

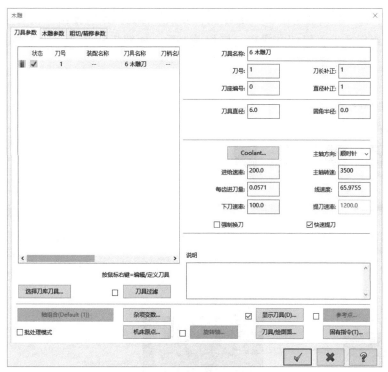

图 7-57 刀具相关参数

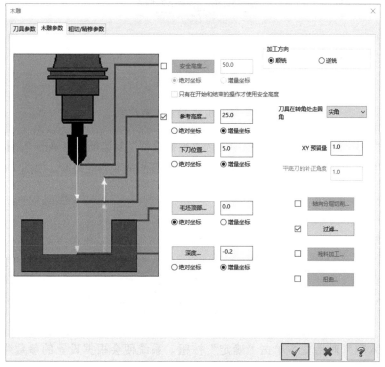

图 7-58 雕刻加工参数

(7) 在"木雕"对话框中单击"粗切/精修参数"标签，系统弹出"粗切/精修参数"选项组，该选项组用来设置粗切方式和精修相关参数，如图 7-59 所示。设置相关参数，单击"确定"按钮，完成参数设置。

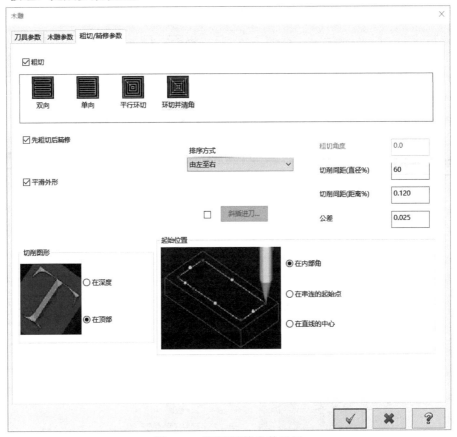

图 7-59　粗切/精修参数设置

(8) 在"粗切/精修参数"选项组中勾选"斜插进刀"复选框，再单击"斜插进刀"按钮，系统弹出"斜插进刀设置"对话框，该对话框用来设置斜插下刀的角度，如图 7-60 所示。

图 7-60　斜插进刀设置

(9) 在"木雕"对话框中单击"确定"按钮，系统便会根据设置的参数生成刀具路径，如图 7-61 所示。

图 7-61　刀具路径

(10) 在刀路操作管理器中选择"属性"→"毛坯设置"命令，系统弹出"机器群组属性"对话框，单击"毛坯设置"标签，进入"毛坯设置"选项组，按照图 7-62 设置加工坯料的尺寸，单击"确定"按钮，完成参数设置。

(11) 坯料设置结果如图 7-63 所示，虚线框显示的即为毛坯。

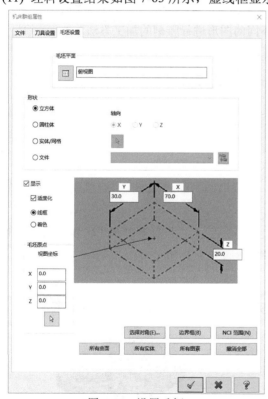

图 7-62　设置毛坯

图 7-63　毛坯

(12) 在选项卡中选择"机床"→"实体模拟"命令，系统弹出"验证"对话框，该对话框用来设置实体模拟的参数。在"验证"对话框中单击"播放"按钮，模拟结果如图 7-64所示。

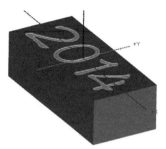
图 7-64　实体模拟

7.3　本章小结

本章主要讲解了钻孔加工和雕刻加工。钻孔加工包括钻孔、全圆铣削和螺旋镗孔等类型。选取的钻孔循环类型不同，针对的孔也不同，因此，用户需要根据不同的孔来选择不同的钻孔循环。对于比较大的孔，可以采用镗孔、全圆铣削或螺旋镗孔的方式来加工。雕刻加工是用户根据选取的图形线条(或图形)和凹形不同的图形进行雕刻的加工方法。

7.4　练习题

一、填空题

1．钻削加工主要针对的是_____。

2．全圆铣削主要用来铣削_____。一般沿圆轮廓进行加工。全圆铣削参数和外形铣削参数相似，只是进刀方式有些区别。

3．雕刻加工主要用雕刻刀具对_____及_____进行雕刻加工，以提高产品的美观性。一般加工深度不大，但加工主轴转速比较高。

二、上机题

1．采用钻削加工对如图 7-65 所示的模型进行加工，加工结果如图 7-66 所示。

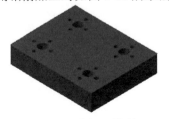
图 7-65　待加工模型

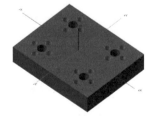
图 7-66　钻削结果

2．采用雕刻加工对如图 7-67 所示的图形进行加工，加工结果如图 7-68 所示。

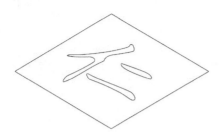

图 7-67　凸缘雕刻图形

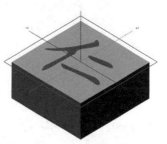

图 7-68　凸缘雕刻加工结果

3. 采用雕刻加工对如图 7-69 所示的图形进行加工，加工结果如图 7-70 所示。

图 7-69　凹缘雕刻图形

图 7-70　凹缘雕刻加工结果

第 8 章
三维曲面粗加工

本章主要学习三维曲面粗加工。三维曲面粗加工主要用来对工件进行清除残料加工。三维曲面粗加工的方法有平行铣削、挖槽、钻削、区域、多曲面挖槽、投影、优化动态加工等。这些粗加工都有其专用的加工参数，通常用于首次开粗加工。粗加工的目的是尽可能快地去除残料，所以粗加工一般使用大直径刀具，这种刀具刚性好，可以采用大的切削量，快速清除残料，提高效率。

 学习目标

❖ 理解曲面粗加工的目的和原理，掌握粗加工的操作技巧。
❖ 掌握不同的粗加工方式加工的纹理方向和去残料的效率。
❖ 能够根据不同的曲面合理选用粗加工方式进行开粗。
❖ 重点掌握挖槽粗加工的加工方式，熟练地使用挖槽进行开粗加工。

本章教学视频

8.1 平行铣削粗加工

平行铣削粗加工是刀具沿指定的进给方向进行切削，生成的刀具路径相互平行。平行粗加工刀具路径比较适合加工凸台或凹槽不多的相对比较平坦的曲面。

在"曲面粗切平行"对话框的"粗切平行铣削参数"选项组中可以设置平行粗加工的参数，包括整体公差、切削方向和下刀控制等，如图 8-1 所示。

图 8-1 粗加工平行铣削参数

在"切削方向"下拉列表中，包括"双向"和"单向"两个选项。

❖ 双向：刀具在完成一行切削后立即转向下一行进行切削。

❖ 单向：加工时刀具只沿一个方向进行切削，完成一行后，需要提刀返回到起点再进

行下一行的切削。

双向切削有利于缩短加工时间，而单向切削可以保证一直采用顺铣或逆铣的方式进行加工，有利于获得良好的加工质量。单向切削刀具路径如图 8-2 所示。双向切削刀具路径如图 8-3 所示。

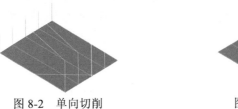

图 8-2　单向切削　　　　　　　　　　图 8-3　双向切削

下刀控制决定了刀具下刀或退刀时在 Z 方向的运动方式。

各参数含义如下。

◇　单侧切削：从一侧切削，只能对一个坡进行加工，另一侧则无法加工，如图 8-4 所示。

◇　双侧切削：在加工完一侧后，再对另一侧进行加工，可以加工两侧，但是每次只能加工一侧，如图 8-5 所示。

◇　切削路径允许多次切入：刀具将在坡的两侧连续下刀提刀，同时对两侧进行加工，如图 8-6 所示。

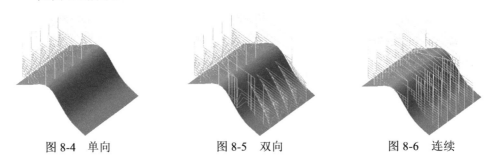

图 8-4　单向　　　　　　　图 8-5　双向　　　　　　　图 8-6　连续

"粗切平行铣削参数"选项组中的"最大切削间距"用来设置切削路径间距的大小。为了保证加工效果，此值必须小于直径，若刀具间距过大，两条路径之间会有部分材料加工不到位，留下残脊。一般设为刀具直径的 60%~75%。在粗加工过程中，为了提高效率，可以把这个值在允许的范围内尽量设置大一些。

单击"最大切削间距"按钮，系统弹出"最大切削间距"对话框，该对话框用来设置环绕高度等参数，如图 8-7 所示。

图 8-7　"最大切削间距"对话框

案例 8-1：平行

采用平行铣削粗加工对如图 8-8 所示的图形进行铣削加工，加工结果如图 8-9 所示。

图 8-8　待加工图形

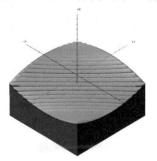

图 8-9　加工结果

操作步骤：

(1) 在选项卡中选择"文件"→"打开"命令，打开"源文件\第 8 章\案例 8-1"，单击"确定"按钮完成文件的调取。

(2) 在选项卡中选择"刀路"→"3D"→"粗切"→"平行"命令，系统弹出"选择工件形状"对话框，选中"未定义"单选按钮，再单击"确定"按钮，如图 8-10 所示。

(3) 系统弹出"选择实体面、曲面或网格"提示，选择曲面，单击"确定"按钮，系统弹出"刀路曲面选择"对话框，如图 8-11 所示。

图 8-10　选取曲面类型

图 8-11　选取曲面和边界

(4) 选取加工曲面和曲面加工范围，单击"确定"按钮，完成选取，如图 8-12 所示。

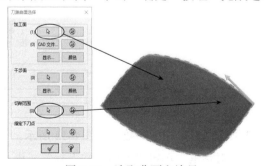

图 8-12　选取曲面和边界

(5) 系统弹出"曲面粗切平行"对话框,可以在该对话框中设置曲面粗加工的各种参数。在"刀具参数"选项组的空白处单击鼠标右键,从右键菜单中选择"创建刀具"选项,系统弹出"定义刀具"对话框,选取刀具类型为"平铣刀",如图 8-13 所示。单击"下一步"按钮,进入"定义刀具图形"选项组,将参数设置为直径 D10R1,如图 8-14 所示。单击"完成"按钮,完成设置。

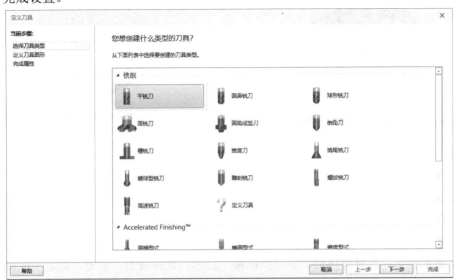

图 8-13　定义刀具

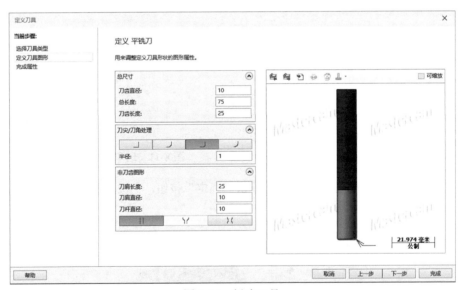

图 8-14　新建刀具

(6) 在"刀具参数"选项组中设置相关参数,如图 8-15 所示。

(7) 在"曲面粗切平行"对话框中单击"曲面参数"标签,进入"曲面参数"选项组,该选项组用来设置曲面的相关参数,如图 8-16 所示。

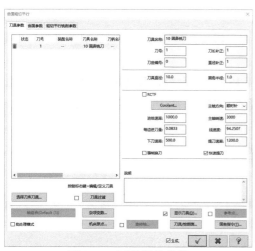

图 8-15 刀具相关参数

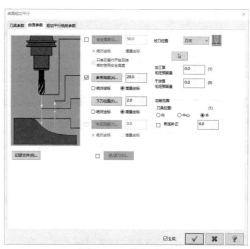

图 8-16 曲面参数

(8) 在"曲面粗切平行"对话框中单击"粗加工平行铣削参数"标签,进入"粗加工平行铣削参数"选项组,如图 8-17 所示。在该选项组中可以设置平行粗加工的专用参数,设置加工角度为 45°。

(9) 在"粗加工平行铣削参数"选项组中单击"切削深度"按钮,系统弹出"切削深度设置"对话框,该对话框用来设定第一层的切削深度和最后一层的切削深度,如图 8-18 所示。单击"确定"按钮,完成切削深度设置。

图 8-17 平行粗加工专用参数

图 8-18 切削深度

(10) 在"粗加工平行铣削参数"选项组中单击"间隙设置"按钮,系统弹出"刀路间隙设置"对话框,该对话框用来设置刀具路径在遇到间隙时的处理方式,如图 8-19 所示。单击

"确定"按钮，完成间隙设置。

(11) 在"粗加工平行铣削参数"选项组中单击"确定"按钮，系统便会根据设置的参数生成平行粗加工刀具路径，如图 8-20 所示。

(12) 在刀具路径管理器中选择"属性"→"毛坯设置"命令，系统弹出"机器群组属性"对话框，单击"毛坯设置"标签，进入"毛坯设置"选项组，按照图 8-21 设置加工坯料的尺寸，单击"确定"按钮，完成参数设置。

(13) 坯料设置结果如图 8-22 所示，虚线框显示的即为毛坯。

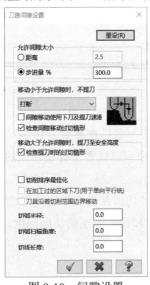

图 8-19　间隙设置

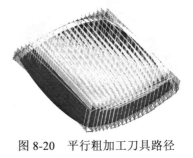

图 8-20　平行粗加工刀具路径

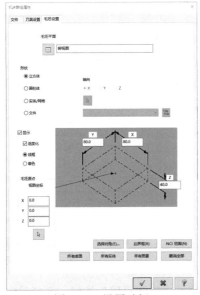

图 8-21　设置毛坯

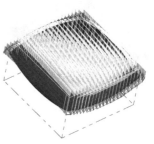

图 8-22　毛坯

(14) 在选项卡中选择"机床"→"实体模拟"命令,系统弹出"验证"对话框,该对话框用来设置实体模拟的参数,如图 8-23 所示。

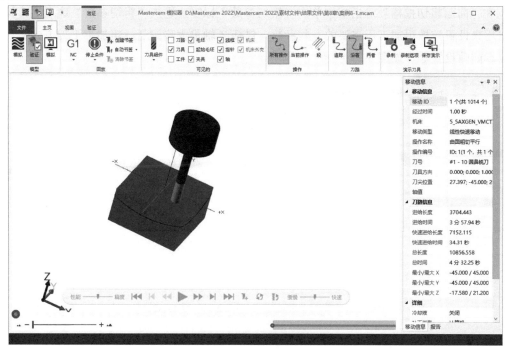

图 8-23　"验证"对话框

(15) 在"验证"对话框中单击"播放"按钮,模拟结果如图 8-24 所示。

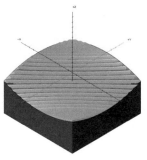

图 8-24　模拟结果

8.2　挖槽粗加工

挖槽粗加工是将工件在同一高度上进行等分后产生分层铣削的刀具路径,即在同一高度上完成所有的加工后再进行下一个高度的加工。它在每一层上的走刀方式与二维挖槽类似。挖槽粗加工在实际粗加工过程中使用频率最多,所以也称其为"万能粗加工",绝大多数的工

件都可以利用挖槽来进行开粗。挖槽粗加工提供了多样化的刀具路径和多种下刀方式，是粗加工中最为重要的刀具路径。

在"曲面粗切挖槽"对话框中单击"粗切参数"标签，进入"粗切参数"选项组，该选项组用来设置挖槽粗加工所需要的一些参数，包括 Z 轴最大步进量、粗加工下刀方式、切削深度、间隙设置等，如图 8-25 所示。

图 8-25　挖槽粗加工参数

各参数含义如下。

◇ Z 最大步进量：用来设置 Z 轴方向每刀最大切削深度。

◇ 螺旋进刀：勾选"螺旋进刀"复选框，将采用螺旋式下刀。取消勾选该复选框，将采用直线下刀。

◇ 指定进刀点：勾选该复选框，输入所有加工参数，会提示选取进刀点，所有每层切削路径都会以选取的下刀点作为起点。

◇ 由切削范围外下刀：允许切削刀具路径从切削范围外下刀。此选项一般在凸形工件中选中，刀具从范围外进刀，不会产生过切。

◇ 下刀位置对齐起始孔：勾选该复选框，每层下刀位置安排在同一位置或区域，如有钻起始孔，可以用钻过的起始孔作为下刀位置。

◇ 顺铣：切削方式为顺铣。

◇ 逆铣：切削方式为逆铣。

在"曲面粗切挖槽"对话框中单击"挖槽参数"标签，进入"挖槽参数"选项组，该选项组用来设置挖槽专用参数，如图 8-26 所示。

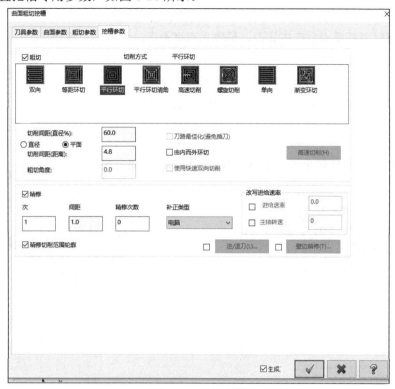

图 8-26　挖槽参数

各参数含义如下。

✧　粗切：勾选该复选框，可按设定的切削方式执行分层粗加工路径。

✧　切削方式：这里提供了 8 种切削方式，与二维挖槽方式一样。

✧　切削间距：用来设置两刀具路径之间的距离，可以用刀具直径的百分比或直接输入距离来表示。

✧　粗切角度：此项只有粗切方式为双向或单向切削时才可以被激活，用来设定刀具切削方向与 X 轴的方向。

✧　刀路最佳化：勾选该复选框，可优化挖槽刀具路径，尽量减少刀具负荷，以最优化的走刀方式进行切削。

✧　由内而外环切：挖槽刀具路径由中心向外加工到边界，适合所有的环绕式切削路径。该项只有选中环绕式加工方式才能被激活。若没选中该项，则由外向内加工。

✧　使用快速双向切削：该项只有在粗加工切削方式为双向切削时才可以被激活。勾选该复选框，可优化计算刀路，尽量以最短的时间进行加工。

✧　精修：勾选该复选框，每层粗铣后会对外形和岛屿进行精加工，且能减小精加工刀具切削负荷。

◈ 次：用来设置精加工次数。

◈ 间距：用来设置精加工刀具路径间的距离。

◈ 精修次数：用来设置沿最后精修路径重复加工的次数。如果刀具刚性不好，在加工侧壁时刀具受力会产生让刀，导致垂直度不高，可以采用精修次数进行重复走刀，以提高垂直度。

◈ 补正类型：包括电脑、磨损和两者磨损 3 个选项。

◈ 改写进给速率：用来设置精修刀具路径的转速和进给率。

案例 8-2：挖槽粗加工

将如图 8-27 所示的图形进行挖槽粗加工，加工结果如图 8-28 所示。

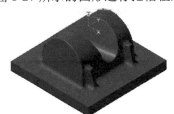

图 8-27　挖槽图形

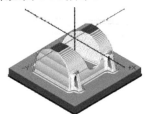

图 8-28　挖槽结果

操作步骤：

(1) 在选项卡中选择"文件"→"打开"命令，打开"源文件\第 8 章\案例 8-2"，单击"确定"按钮完成文件的调取。

(2) 在选项卡中选择"刀路"→"3D"→"粗切"→"挖槽"命令，如图 8-29 所示。

(3) 框选所有曲面后，单击"结束选择"按钮，系统弹出"刀路曲面选择"对话框，如图 8-30 所示。选取曲面和边界后，单击"确定"按钮，完成选取。

图 8-29　挖槽

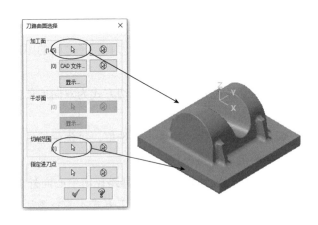

图 8-30　曲面的选取

(4) 系统弹出"曲面粗切挖槽"对话框，该对话框用来设置曲面挖槽粗加工的各种参数，如图 8-31 所示。

（5）单击"刀具参数"选项组，设置刀具及相关参数。在"刀具参数"选项组的空白处单击鼠标右键，从右键菜单中选择"创建刀具"选项，系统弹出"定义刀具"对话框，选取刀具类型为"圆鼻铣刀"，如图 8-32 所示。单击"下一步"按钮，系统弹出"编辑刀具"对话框，将圆鼻铣刀参数设置为直径 D10R0.1，如图 8-33 所示。单击"确定"按钮，完成设置。

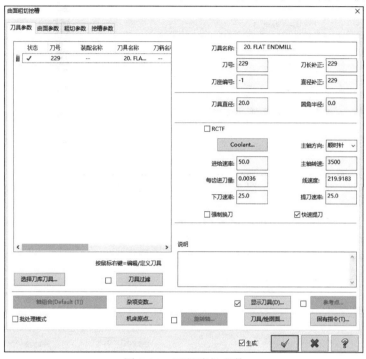

图 8-31　刀具路径参数

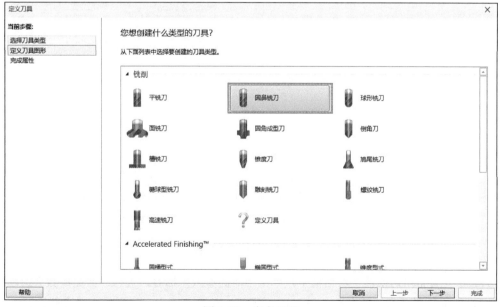

图 8-32　定义刀具

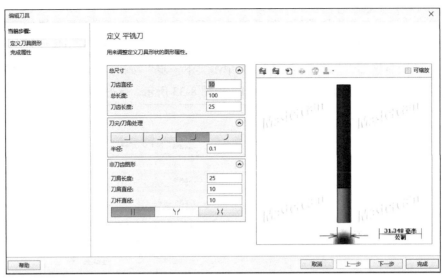

图 8-33　设置圆鼻铣刀参数

(6) 返回"刀具参数"选项组，设置进给速率和主轴转速等相关参数，如图 8-34 所示。

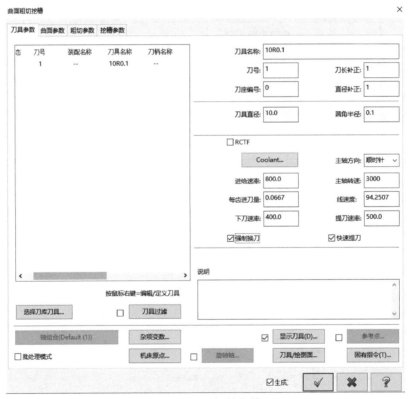

图 8-34　刀具相关参数

(7) 在"曲面粗切挖槽"对话框中，单击"曲面参数"标签，进入"曲面参数"选项组，该选项组用来设置曲面相关参数，如图 8-35 所示。单击"确定"按钮，完成参数设置。

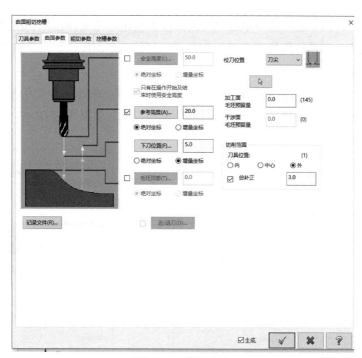

图 8-35　曲面参数

　　(8) 在"曲面粗切挖槽"对话框中单击"粗切参数"标签,进入"粗切参数"选项组,该选项组可以设置挖槽粗切参数,如图 8-36 所示。单击"确定"按钮,完成参数设置。

图 8-36　挖槽粗加工参数

(9) 在"粗切参数"选项组中单击"切削深度"按钮，系统弹出"切削深度设置"对话框，该对话框用来设定第一层的切削深度和最后一层的切削深度，如图 8-37 所示。单击"确定"按钮，完成切削深度设置。

(10) 在"粗切参数"选项组中单击"间隙设置"按钮，系统弹出"刀路间隙设置"对话框，该对话框用来设置刀具路径在遇到间隙时的处理方式，如图 8-38 所示。单击"确定"按钮，完成间隙设置。

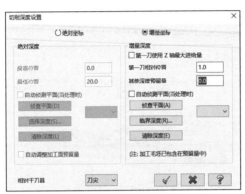

图 8-37　切削深度

图 8-38　间隙设置

(11) 在"曲面粗切挖槽"对话框中单击"挖槽参数"标签，进入"挖槽参数"选项组，该选项组用来设置挖槽参数，如图 8-39 所示。单击"确定"按钮，完成参数设置。

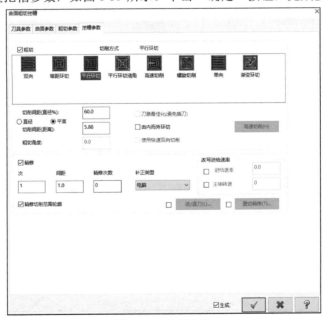

图 8-39　挖槽参数

(12) 系统便会根据设置的参数生成挖槽粗加工刀具路径，如图 8-40 所示。

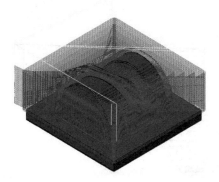

图 8-40　挖槽粗加工刀具路径

(13) 在刀具路径管理器中选择"属性"→"毛坯设置"命令，系统弹出"机器群组属性"对话框，单击"毛坯设置"标签，进入"毛坯设置"选项组，按照图 8-41 设置加工坯料的尺寸，单击"确定"按钮，完成参数设置。

(14) 坯料设置结果如图 8-42 所示，虚线框显示的即为毛坯。

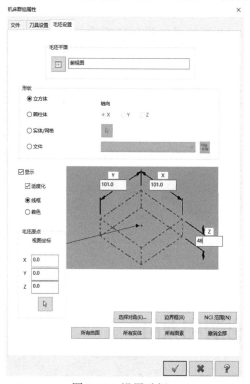

图 8-41　设置毛坯

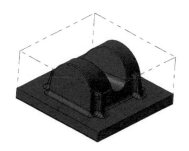

图 8-42　毛坯

(15) 在选项卡中选择"机床"→"实体仿真"命令，系统弹出"验证"对话框，该对话框用来设置实体模拟的参数，如图 8-43 所示。

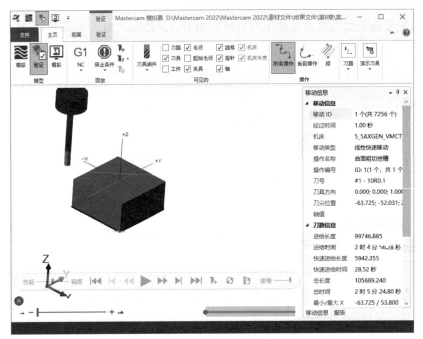

图 8-43 "验证"对话框

(16) 在"验证"对话框中单击"播放"按钮,模拟结果如图 8-44 所示。

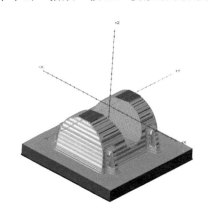

图 8-44 模拟结果

8.3 多曲面挖槽粗加工

多曲面挖槽的过程跟挖槽粗加工过程类似,按用户指定的 Z 高度,一个切面一个切面地依次逐层向下加工等高切面,直到零件轮廓。这里不再赘述,加工过程参考挖槽粗加工。

8.4　钻削粗加工

钻削式粗加工是使用类似钻孔的方式，快速地对工件进行粗加工。这种加工方式有专用刀具，刀具中心有冷却液的出水孔，以供钻削时顺利排屑，适合对比较深的工件进行加工。

在选项卡中选择"刀路"→"3D"→"粗切"→"钻削"命令，系统弹出"曲面粗切钻削"对话框，单击"钻削式粗切参数"标签，进入"钻削式粗切参数"选项组，如图 8-45 所示。

图 8-45　粗加工钻削式参数

该选项组中各参数含义如下。

◇　整体公差：用来设定刀具路径与曲面之间的误差。

◇　Z 最大步进量：用来设定 Z 轴方向每刀最大切削深度。

◇　下刀路径：用来设定钻削路径的产生方式，包括 NCI 和双向两个选项。

● NCI：参考某一操作的刀具路径来产生钻削路径。钻削的位置会沿着被参考的路径，这样可以产生多样化的钻削顺序。

● 双向：若选中该项，系统会提示选择两对角点来决定钻削的矩形范围。

◇　最大步进量：用来设定两钻削路径之间的距离。

◇　螺旋进刀：以螺旋的方式下刀。

案例 8-3：钻削式粗加工

对如图 8-46 所示的图形进行钻削式粗加工，加工结果如图 8-47 所示。

图 8-46　钻削粗加工图形

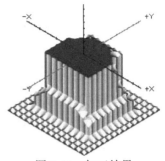

图 8-47　加工结果

操作步骤：

(1) 在选项卡中选择"文件"→"打开"命令，打开"源文件\第 8 章\案例 8-3"，单击"确定"按钮完成文件的调取。

(2) 在选项卡中选择"刀路"→"3D"→"粗切"→"钻削"命令，框选所有曲面后，单击"确定"按钮，系统弹出"刀路曲面选取"对话框，再选取网格点，选取左下角点和右上角点，如图 8-48 所示。单击"确定"按钮，完成选取。

(3) 系统弹出"曲面粗切钻削"对话框，该对话框用来设置曲面钻削式粗加工的各种参数，如图 8-49 所示。

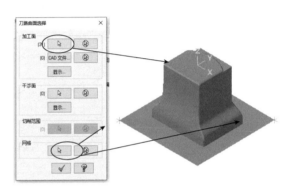

图 8-48　选取曲面和网格点

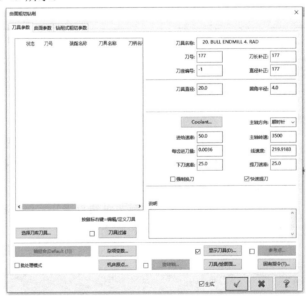

图 8-49　粗加工参数

(4) 在"刀具参数"选项组的空白处单击鼠标右键，从右键菜单中选择"创建刀具"选项，系统弹出"定义刀具"对话框，选取刀具类型为"钻头"，如图 8-50 所示。单击"下一步"按钮，进入"定义刀具图形"选项组，将钻头参数设置为直径 D10，如图 8-51 所示。单击"完成"按钮，完成设置。

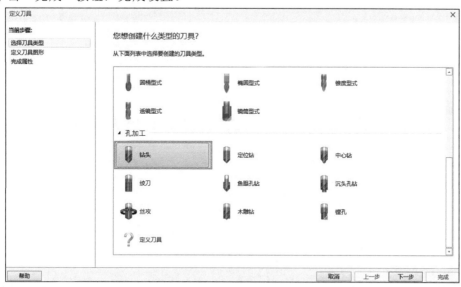

图 8-50　新建刀具

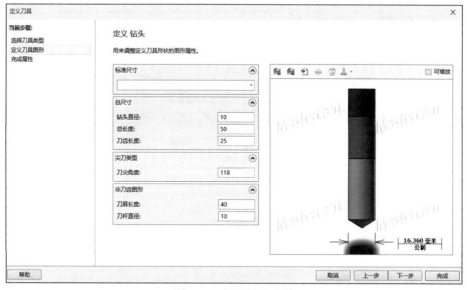

图 8-51　设置钻头参数

(5) 在"刀具参数"选项卡组设置相关参数，如图 8-52 所示。

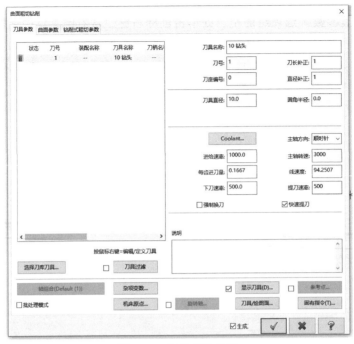

图 8-52 刀具相关参数

(6) 在"曲面粗切钻削"对话框中单击"曲面参数"标签，进入"曲面参数"选项组，该选项组用来设置曲面相关参数，如图 8-53 所示。

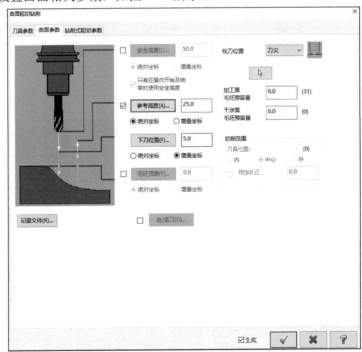

图 8-53 曲面参数

(7) 在"曲面粗切钻削"对话框中单击"钻削式粗切参数"标签，进入"钻削式粗切参数"选项组，该选项组用来设置钻削式粗切参数，如图 8-54 所示。单击"确定"按钮，完成参数设置。

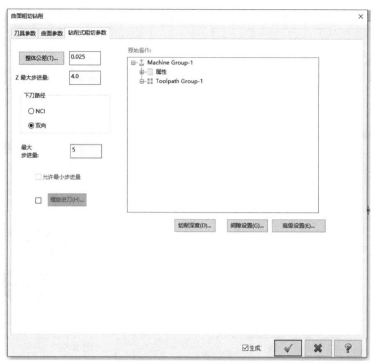

图 8-54　粗加工参数

(8) 在"钻削式粗切参数"选项组中单击"切削深度"按钮，系统弹出"切削深度设置"对话框，该对话框用来设定第一层的切削深度和最后一层的切削深度，如图 8-55 所示。单击"确定"按钮，完成切削深度设置。

(9) 参数设置完毕后，系统会根据设置的参数生成钻削式粗加工刀具路径，如图 8-56 所示。

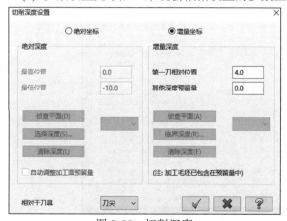

图 8-55　切削深度

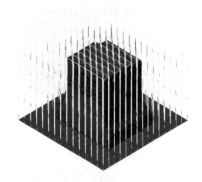

图 8-56　钻削式加工路径

(10) 在刀具路径管理器中选择"属性"→"毛坯设置"命令，系统弹出"机器群组属性"对话框，单击"毛坯设置"标签，进入"毛坯设置"选项组，按照图 8-57 设置加工坯料的尺寸，单击"确定"按钮，完成参数设置。

(11) 坯料设置结果如图 8-58 所示，虚线框显示的即为毛坯。

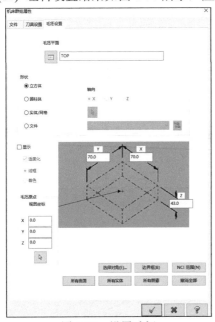

图 8-57　设置毛坯

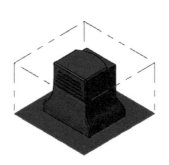

图 8-58　毛坯

(12) 在选项卡中选择"机床"→"实体模拟"命令，系统弹出"验证"对话框，该对话框用来设置实体模拟的参数，如图 8-59 所示。

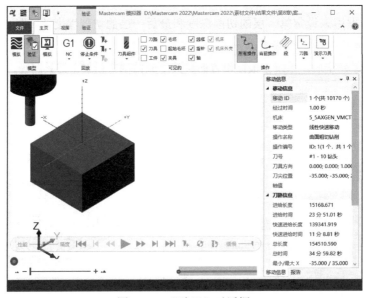

图 8-59　"验证"对话框

(13) 在"验证"对话框中单击"播放"按钮，模拟结果如图 8-60 所示。

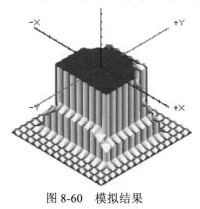

图 8-60 模拟结果

8.5 区域粗加工

区域粗切是快速加工封闭型腔、开放凸台或先前操作剩余的残料区域的方法。

在选项卡中选择"刀路"→"3D"→"粗切"→"区域粗切"命令，系统弹出"3D高速曲面刀路-区域粗切"对话框，该对话框用来设置区域粗切的相关参数，如图 8-61 所示。

图 8-61 区域粗切参数设置

案例 8-4：区域粗切

对如图 8-62 所示的图形采用区域粗切进行铣削，加工结果如图 8-63 所示。

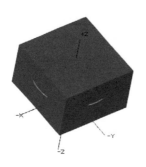

图 8-62　待加工图形

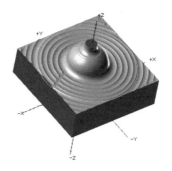

图 8-63　加工结果

操作步骤：

(1) 在选项卡中选择"文件"→"打开"命令，打开"源文件\第 8 章\案例 8-4"，单击"确定"按钮完成文件的调取。

(2) 在选项卡中选择"刀路"→"3D"→"粗切"→"区域粗切"命令，系统提示选取曲面，选取曲面后，系统弹出"刀路曲面选择"对话框，选取要加工的曲面并定义切削范围，如图 8-64 所示。单击"结束选择"按钮，完成选取。

图 8-64　曲面和加工范围的选取

(3) 系统弹出"3D 高速曲面刀路-区域粗切"对话框，该对话框用来设置区域粗切的各种参数，如图 8-65 所示。

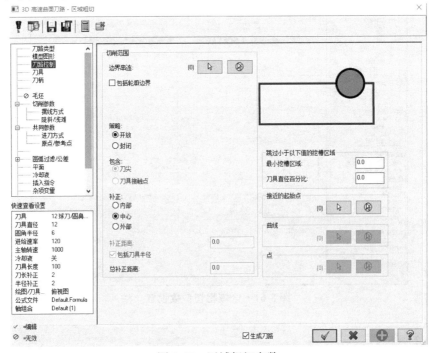

图 8-65　区域粗切参数

(4) 在"刀具参数"选项组的空白处单击鼠标右键，从右键菜单中选择"创建刀具"选项，系统弹出"定义刀具"对话框，选取刀具类型为"球形铣刀"，如图 8-66 所示。单击"下一步"按钮，系统弹出"编辑刀具"对话框，将球形铣刀参数设置为直径 D8，如图 8-67 所示。单击"确定"按钮，完成设置。

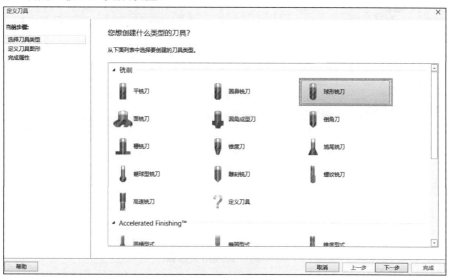

图 8-66　新建刀具

图 8-67　设置球形铣刀参数

(5) 在"刀具参数"选项组中设置相关参数，如图 8-68 所示。

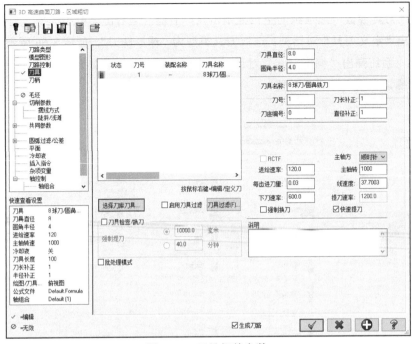

图 8-68　刀具相关参数

　　(6) 在"3D高速曲面刀路-区域粗切"对话框中选择"切削参数"选项，系统弹出"切削参数"设置项，如图 8-69 所示。

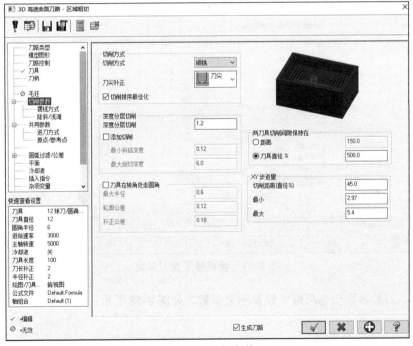

图 8-69　切削参数

(7) 在"3D高速曲面刀路-区域粗切"对话框中选择"共同参数"选项，系统弹出"共同参数"设置项，该设置项用来设置相关参数，如图 8-70 所示。

(8) 在"3D高速曲面刀路-区域粗切"对话框中选择"进刀方式"选项，系统提供两种进刀方式，选择其中一种方式，如图 8-71 所示。单击"确定"按钮，完成参数设置。

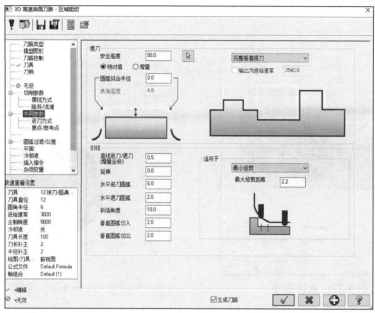

图 8-70　共同参数

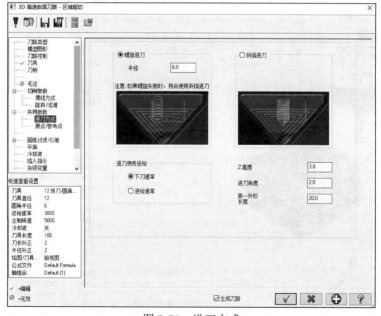

图 8-71　进刀方式

(9) 在刀具路径管理器中选择"属性"→"毛坯设置"命令，系统弹出"机器群组属性"

对话框，单击"毛坯设置"标签，进入"毛坯设置"选项组，按照图 8-72 设置加工坯料的尺寸，单击"确定"按钮，完成参数设置。

(10) 坯料设置结果如图 8-73 所示，虚线框显示的即为毛坯。

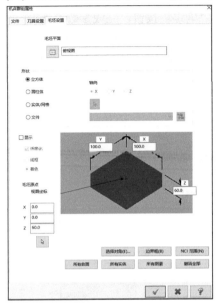

图 8-72　设置毛坯

图 8-73　毛坯

(11) 在选项卡中选择"机床"→"实体仿真"命令，系统弹出"验证"对话框，该对话框用来设置实体模拟的参数，如图 8-74 所示。

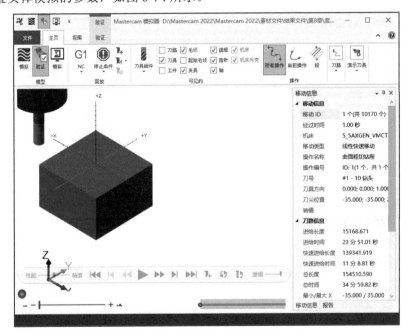

图 8-74　"验证"对话框

(12) 在"验证"对话框中单击"播放"按钮,模拟结果如图 8-75 所示。

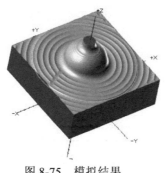

图 8-75　模拟结果

8.6　投影粗加工

投影粗加工是将已经存在的刀具路径或几何图形投影到曲面上产生刀具路径。投影粗加工一般不能作为首次粗加工,只能在粗加工去除掉大部分残料后对特殊的刀路投影、线条投影、点投影后的区域进行二次开粗加工。

投影加工的类型有曲线投影、NCI 文件投影加工和点集投影。

在选项卡中选择"刀路"→"3D"→"粗切"→"投影"命令,系统弹出"曲面粗切投影"对话框,单击"投影粗切参数"标签,进入"投影粗切参数"选项组,该选项组用来设置投影粗加工参数,如图 8-76 所示。

图 8-76　投影粗切参数

各参数含义如下。

◇ Z 最大步进量：用来设置每层最大的进给深度。

◇ 投影方式：用来设置投影加工的投影类型。

● NCI：投影刀路。

● 曲线：投影曲线生成刀路。

● 点：投影点生成刀路。

案例 8-5：投影粗加工

将如图 8-77 所示的曲线投影到曲面上形成刀路，加工结果如图 8-78 所示。

图 8-77　粗加工投影

图 8-78　投影加工结果

操作步骤：

(1) 在选项卡中选择"文件"→"打开"命令，打开"源文件\第 8 章\案例 8-5"，单击"确定"按钮完成文件的调取。

(2) 在选项卡中选择"刀路"→"3D"→"粗切"→"投影"命令，系统弹出"选择工件形状"对话框，选取曲面的类型，选中"凸"单选按钮，再单击"确定"按钮，如图 8-79 所示。

(3) 系统弹出"刀路曲面选择"对话框，选取加工曲面和曲面加工范围，如图 8-80 所示。单击"确定"按钮，完成选取。

图 8-79　选取曲面类型

图 8-80　选取曲面和投影曲线

(4) 在"曲面粗切投影"对话框中单击"刀具参数"标签，进入"刀具参数"选项组，该选项组用来设置刀具及相关参数，如图 8-81 所示。

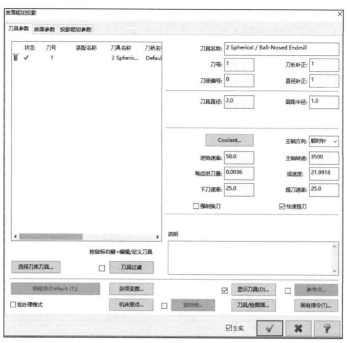

图 8-81　曲面粗加工放射状加工参数

(5) 在"刀具参数"选项组的空白处单击鼠标右键，从右键菜单中选择"创建刀具"选项，系统弹出"定义刀具"对话框，选取刀具类型为"球形铣刀"，如图 8-82 所示。单击"下一步"按钮，系统弹出"编辑刀具"对话框，将球形铣刀参数设置为直径 D2，如图 8-83 所示。单击"完成"按钮，完成设置。

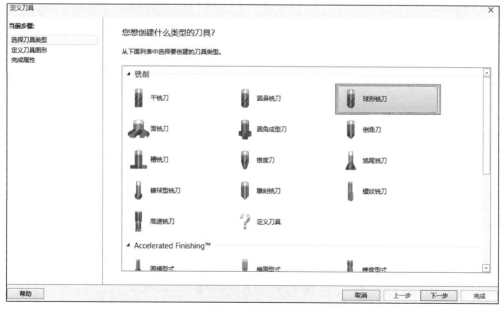

图 8-82　定义刀具

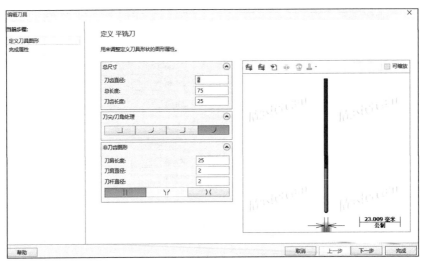

图 8-83　设置球形铣刀参数

(6) 在"刀具参数"选项组中设置相关参数，如图 8-84 所示。

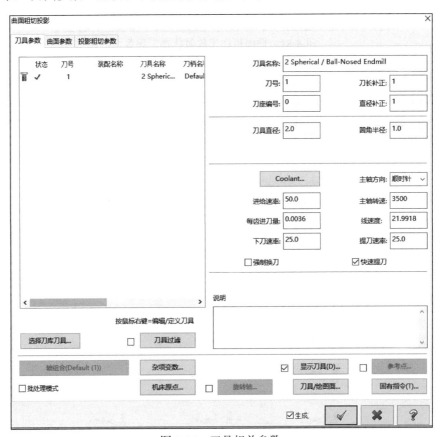

图 8-84　刀具相关参数

(7) 在"曲面粗切投影"对话框中单击"曲面参数"标签，进入"曲面参数"选项组，该选项组用来设置曲面相关参数，如图 8-85 所示。

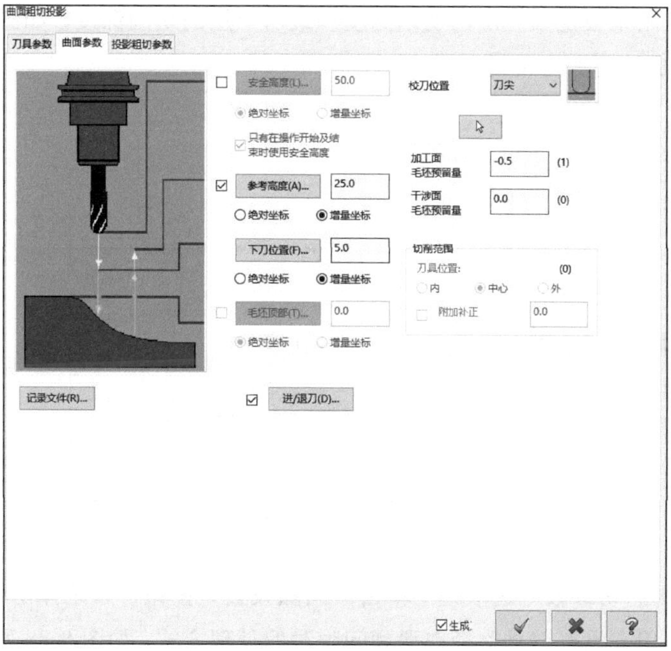

图 8-85 曲面参数

(8) 在"曲面粗切投影"对话框中单击"投影粗切参数"标签，进入"投影粗切参数"选项组，该选项组用来设置投影粗加工专用参数，如图 8-86 所示。单击"确定"按钮，完成参数设置。

图 8-86 投影加工参数

(9) 在"投影粗切参数"选项组中单击"切削深度"按钮，系统弹出"切削深度设置"对话框，该对话框用来设定第一层的切削深度和最后一层的切削深度，如图 8-87 所示。单击"确定"按钮，完成切削深度设置。

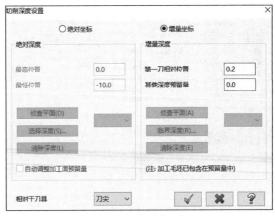

图 8-87 切削深度

(10) 在"投影粗切参数"选项组中单击"间隙设置"按钮，系统弹出"刀路间隙设置"对话框，该对话框用来设置刀具路径在遇到间隙时的处理方式，如图 8-88 所示。单击"确定"按钮，完成间隙设置。

(11) 系统便会根据设置的参数生成放射状粗加工刀具路径，如图 8-89 所示。

(12) 在刀具路径管理器中选择"属性"→"毛坯设置"命令，系统弹出"机器群组属性"对话框，单击"毛坯设置"标签，进入"毛坯设置"选项组，按照图 8-90 设置加工坯料的尺寸，单击"确定"按钮，完成参数设置。

(13) 坯料设置结果如图 8-91 所示，虚线框显示的即为毛坯。

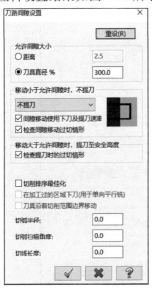

图 8-88 间隙设置

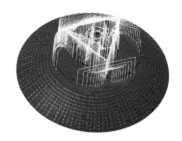

图 8-89 投影粗加工刀具路径

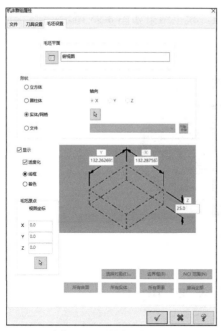

图 8-90　设置毛坯

图 8-91　毛坯

(14) 在选项卡中选择"机床"→"实体模拟"命令，系统弹出"验证"对话框，该对话框用来设置实体模拟的参数，如图 8-92 所示。

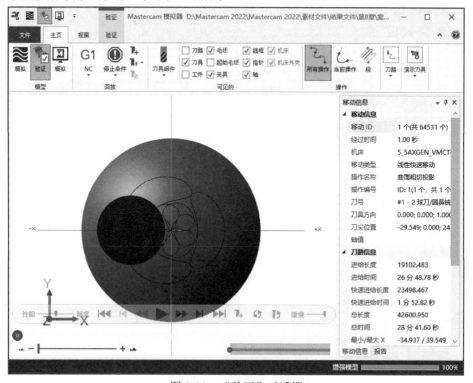

图 8-92　"验证"对话框

(15) 在"验证"对话框中单击"播放"按钮,模拟结果如图 8-93 所示。

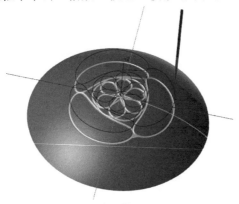

图 8-93　模拟结果

8.7　优化动态粗加工

优化动态粗切是完全利用刀具刃长进行切削,快速移除材料的加工方法。

在选项卡中选择"刀路"→"3D"→"粗切"→"优化动态粗切"命令,系统弹出"3D 高速曲面刀路-优化动态粗切"对话框,该对话框用来设置区域粗切的相关参数,如图 8-94 所示。

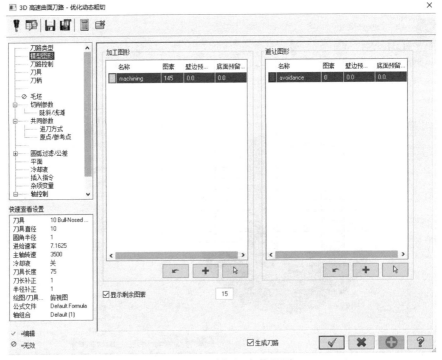

图 8-94　区域粗切参数设置

对如图 8-95 所示的图形采用区域粗切进行铣削，加工结果如图 8-96 所示。

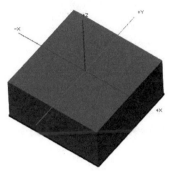

图 8-95　待加工图形

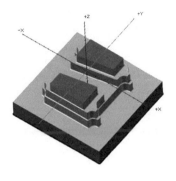

图 8-96　加工结果

操作步骤：

(1) 在选项卡中选择"文件"→"打开"命令，打开"源文件\第 8 章\案例 8-6"，单击"确定"按钮完成文件的调取。

(2) 在选项卡中选择"刀路"→"3D"→"粗切"→"优化动态粗切"命令，系统提示选取曲面，选取曲面后，系统弹出"刀路曲面选择"对话框，选取要加工的曲面和定义切削范围，如图 8-97 所示。单击"结束选择"按钮，完成选取。

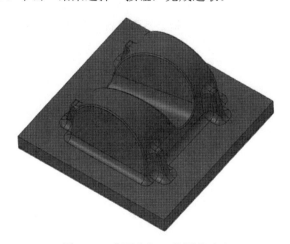

图 8-97　曲面和加工范围的选取

(3) 系统弹出"3D 高速曲面刀路-优化动态粗切"对话框，该对话框用来设置优化动态粗切的各种参数，如图 8-98 所示。

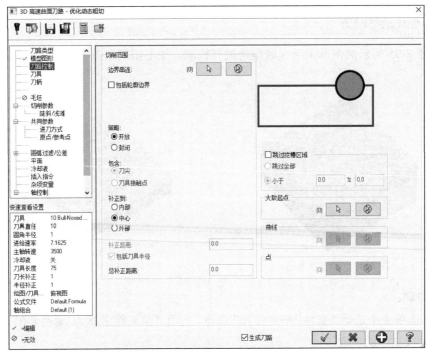

图 8-98　优化动态粗切参数

(4) 在"刀具参数"选项组的空白处单击鼠标右键,从右键菜单中选择"创建刀具"选项,系统弹出"定义刀具"对话框,选取刀具类型为"圆鼻铣刀",如图 8-99 所示。单击"下一步"按钮,系统弹出"编辑刀具"对话框,将圆鼻铣刀参数设置为直径 D10R1,如图 8-100 所示。单击"完成"按钮,完成设置。

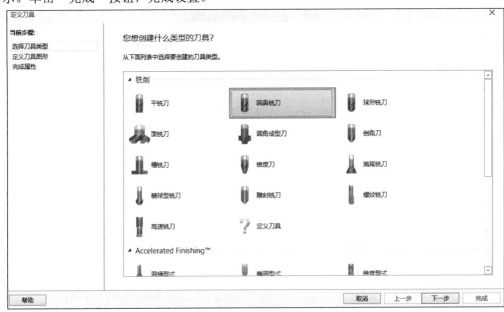

图 8-99　新建刀具

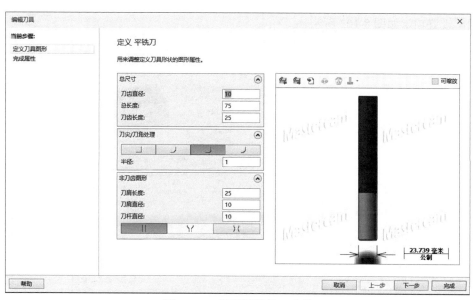

图 8-100　设置圆鼻铣刀参数

(5) 在"刀具参数"选项组中设置相关参数，如图 8-101 所示。

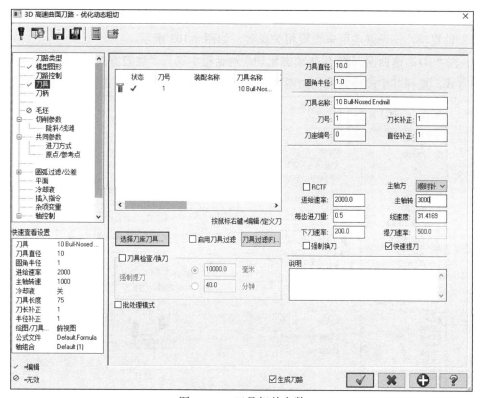

图 8-101　刀具相关参数

(6) 在"3D高速曲面刀路-优化动态粗切"对话框中选择"切削参数"选项，系统弹出"切

削参数"设置项，如图 8-102 所示。

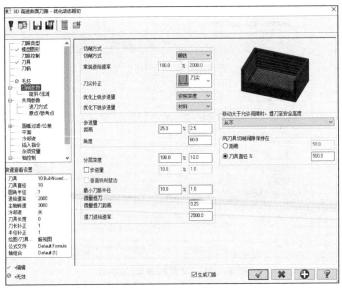

图 8-102　切削参数

（7）在"3D 高速曲面刀路-优化动态粗切"对话框中选择"共同参数"选项，系统弹出"共同参数"设置项，该设置项用来设置相关参数，如图 8-103 所示。

（8）在"3D 高速曲面刀路-优化动态粗切"对话框中选择"进刀方式"选项，系统提供多种下刀方式，选择其中一种方式，如图 8-104 所示。单击"确定"按钮，完成参数设置。

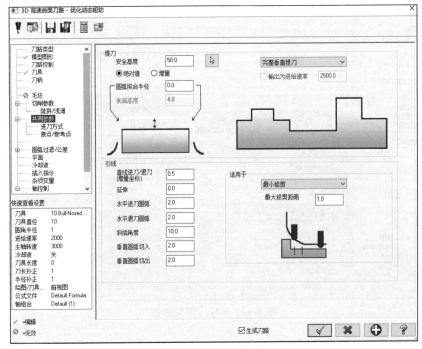

图 8-103　共同参数

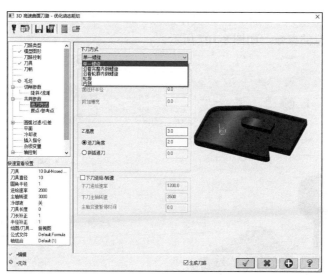

图 8-104　进刀方式

(9) 在刀具路径管理器中选择"属性"→"毛坯设置"命令，系统弹出"机器群组属性"对话框，单击"毛坯设置"标签，进入"毛坯设置"选项组，按照图 8-105 设置加工坯料的尺寸，单击"确定"按钮，完成参数设置。

(10) 坯料设置结果如图 8-106 所示，虚线框显示的即为毛坯。

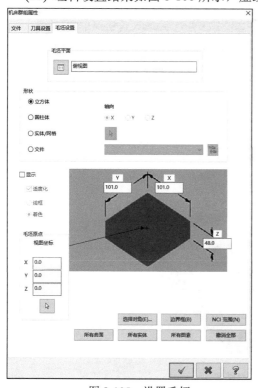

图 8-105　设置毛坯

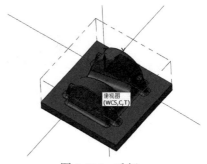

图 8-106　毛坯

(11) 在选项卡中选择"机床"→"实体仿真"命令，系统弹出"验证"对话框，该对话框用来设置实体模拟的参数，如图 8-107 所示。

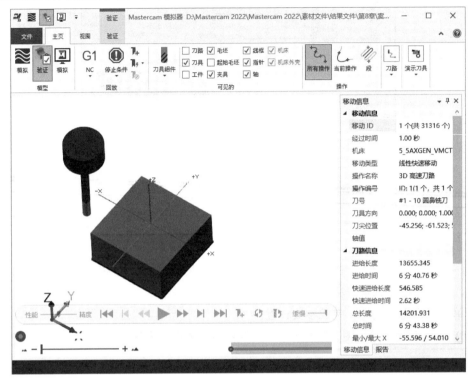

图 8-107　"验证"对话框

(12) 在"验证"对话框中单击"播放"按钮，模拟结果如图 8-108 所示。

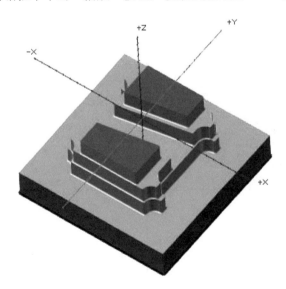

图 8-108　模拟结果

8.8　切削区域优化

粗加工的目的就是快速去除残料，效率是首要考虑的因素，加工效果是其次。在实际工作中，效率更是考虑的重中之重。因此，提高去除残料的效率也就很有必要。在二次开粗中，残料粗加工有其明显的优势，但是其缺点也很明显，本节主要讲解其优化措施。

由于工件的二次开粗主要是尽量将残料均匀化，但是不可能做到绝对均匀，实际上允许局部区域的残料在不影响刀具的情况下可以不均匀。或者说只要局部残料不是特别不均匀还是可以接受的。

而残料粗加工在计算时会对先前所有的区域进行计算，先前所有的区域只要有一点残料都会进行加工，这也包括刀具在两刀路之间的残脊残料。这就导致多余的废刀路比较多，甚至空刀路也非常多，并且降低了效率，因此，这部分刀路可以进行完全优化。

8.8.1　减少空刀

在"3D 高速曲面刀路-区域粗切"对话框中选择"切削参数"选项，如图 8-109 所示。勾选"切削顺序最佳化"复选框，可以减少不必要的空刀刀路。

图 8-109　残料加工参数

8.8.2　减少抬刀

如果步进量或每层切深大于某一设定值，系统就会抬刀。设定值包括距离、最大切深的百分比、刀具直径的百分比。即当步进量大于设定的距离、步进量大于最大切深的百分比或步进量大于刀具直径的百分比时，刀具就会提到参考高度。在切削时如果没有发生撞刀的危险，抬刀就会浪费时间，因此，为了减少不必要的抬刀，将距离、最大切深的百分比和刀具直径的百分比 3 个选项中的值设置得稍微大一些，就可以减少抬刀。

一般情况下建议选择刀具直径的百分比选项来控制抬刀，百分比值一般设为 300%最佳，这样步进量小于 300%时刀具都不会抬刀，可以减少很多的抬刀空走刀轨。

在"3D 高速曲面刀路-优化动态粗切"对话框中选择"切削参数"选项，再选择"从不"，减少抬刀，如图 8-110 所示。

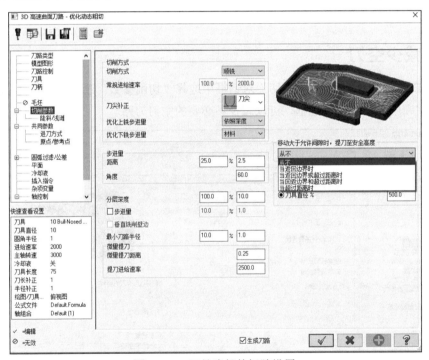

图 8-110　刀具路径的间隙设置

8.8.3　减少计算量

通常情况下，工件中有些局部凹槽在首次开粗中大直径刀具是无法进入的，导致开粗后凹槽内残料非常深，因此，正常情况下，二次开粗加工工件整个区域计算量非常大，刀轨也比较凌乱，有很多废刀轨，此时可以通过限定范围来优化加工区域，减少计算量。

如图 8-111 所示的残料加工，进行区域优化后限定在中间开粗刀具无法进入的区域，优化后的刀轨如图 8-112 所示，很明显刀轨少了很多。

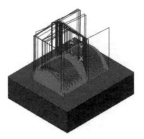

图 8-111　残料加工

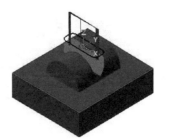

图 8-112　优化后的刀轨

8.9　本章小结

本章主要讲解了三维曲面粗加工的参数含义及其参数设置技巧。读者应理解曲面粗加工的目的，掌握曲面粗加工中每种粗加工的优点和缺点，并将多个粗加工的优缺点结合进行相互弥补，达到快速去除残料的最终目的。

8.10　练习题

一、填空题

1．三维曲面粗加工主要用来对工件进行_____加工。

2．粗加工的目的是_____地去除残料，所以粗加工一般使用_____。

3．三维曲面粗加工有_____、_____、_____、_____、_____等方法。

4．切削区域优化的方法有_____、_____、_____等。

二、上机题

1．采用曲面粗加工对舅图 8-113 所示的图形进行加工，加工结果如图 8-114 所示。

图 8-113　待加工图形

图 8-114　加工结果

2．采用曲面粗加工对如图 8-115 所示的图形进行加工，加工结果如图 8-116 所示。

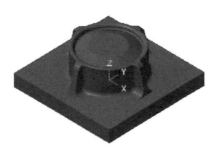

图 8-115　待加工图形

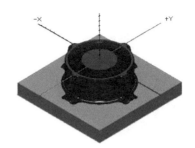

图 8-116　加工结果

3．采用曲面粗加工对如图 8-117 所示的图形进行加工，加工结果如图 8-118 所示。

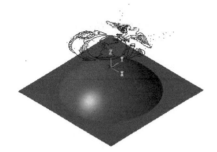

图 8-117　待加工图形

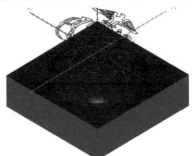

图 8-118　加工结果

第 9 章
三维曲面精加工

本章主要学习三维曲面精加工。三维曲面精加工主要是对上一工序的粗加工或半精加工后剩余的残料进行再加工，以进一步清除残料，达到所要求的尺寸精度和表面光洁度。Mastercam提供了多种精加工方法，如平行、放射、投影、流线、等高外形、等距环绕、熔接等。

 学习目标

- ❖ 理解曲面精加工的通用参数含义。
- ❖ 掌握曲面精加工的操作技巧。
- ❖ 掌握曲面精加工平行铣削加工的操作技巧。
- ❖ 掌握曲面精加工等距环绕加工的操作技巧。
- ❖ 掌握放射、流线、熔接等精加工方法。

本章教学视频

9.1　平行铣削精加工

平行铣削精加工是以指定的角度产生平行的刀具切削路径。刀具路径相互平行，在加工比较平坦的曲面时，此刀具路径加工的效果非常好，精度也比较高。

在选项卡中选择"刀路"→"3D"→"精切"→"平行"命令，选取工件形状和要加工的曲面，单击"确定"按钮，系统弹出"3D 高速曲面刀路-平行"对话框，如图 9-1 所示。

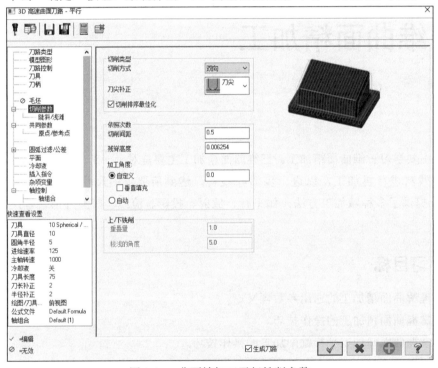

图 9-1　曲面精加工平行铣削参数

曲面精加工平行铣削的部分参数含义如下。

◆　总公差：用来设置刀具路径与曲面之间的误差。误差值越大，计算速度越快，但精度越差。误差值越小，计算速度越慢，但可以获得更高的精度。

◆　切削间距：用来设置刀具路径之间的距离，此处精加工采用球刀，所以间距要小一些，如图 9-2 所示。

❖ 切削方式：用来设置曲面加工平行铣削刀具路径的切削方式，包括双向、单向、上铣削、下铣削及其他路径。

● 双向：以来回两方向切削工件，如图 9-3 所示。

● 单向：单方向切削，以一方向切削后，快速提刀，提刀到参考点再平移到起点后再下刀。单向抬刀的次数比较多，如图 9-4 所示。

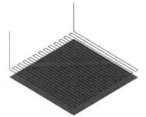

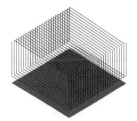

图 9-2 最大切削间距 图 9-3 双向 图 9-4 单向

❖ 加工角度：用来设置刀具路径的切削方向与当前 X 轴的角度，以逆时针为正，顺时针为负。

案例 9-1：平行铣削精加工

对如图 9-5 所示的图形进行平行精加工，加工结果如图 9-6 所示。

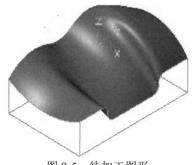

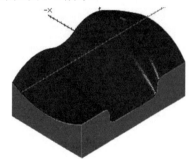

图 9-5 待加工图形 图 9-6 加工结果

操作步骤：

(1) 在选项卡中选择"文件"→"打开"命令，打开"源文件\第 9 章\案例 9-1"，单击"确定"按钮，完成文件的调取。

(2) 在选项卡中选择"刀路"→"3D"→"精切"→"平行"命令，系统弹出"刀路曲面选择"对话框，选取加工曲面和曲面加工范围，单击"结束选择"按钮完成选取，如图 9-7 所示。

(3) 系统弹出"3D 高速曲面刀路-平行"对话框，该对话框用来设置曲面精加工的各种参数，如图 9-8 所示。

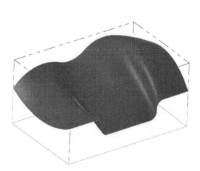

图 9-7 曲面和边界的选取

(4) 创建刀具。在"刀具"设置项的空白处单击鼠标右键，从右键菜单中选择"创建刀具"选项，系统弹出"定义刀具"对话框，选取刀具类型为"球形铣刀"，如图 9-9 所示。单击"下一步"按钮，系统弹出"编辑刀具"对话框，将球形铣刀参数设置为直径 D10，如图 9-10 所示。单击"完成"按钮，完成设置。

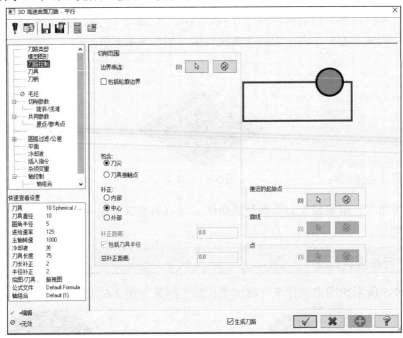

图 9-8　曲面精加工平行铣削参数

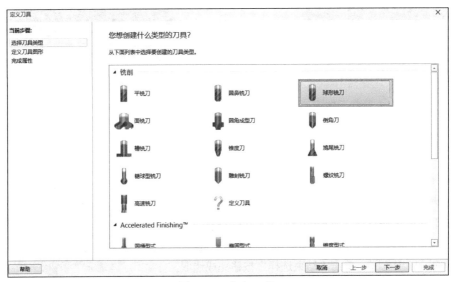

图 9-9　定义刀具

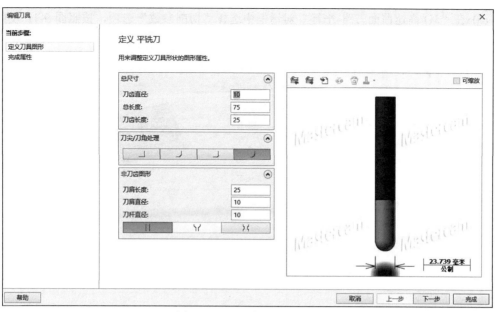

图 9-10   设置球形铣刀参数

(5) 在"刀具"设置项中设置相关参数，如图 9-11 所示。

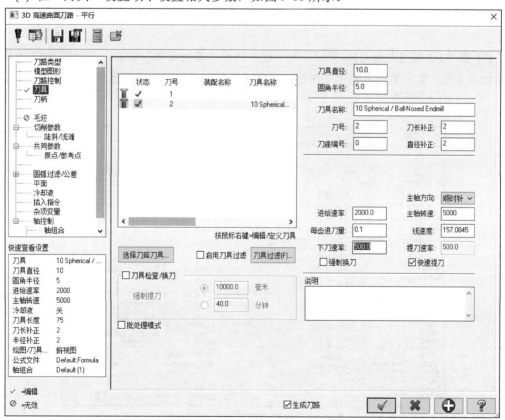

图 9-11   刀具相关参数

(6) 在"3D 高速曲面刀路-平行"对话框中选择"切削参数"选项，按照图 9-12 设置曲面相关参数，完成参数设置。

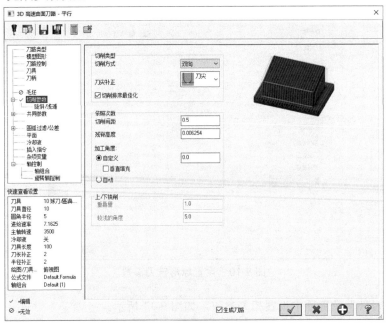

图 9-12　设置曲面参数

(7) 在"3D 高速曲面刀路-平行"对话框中选择"共同参数"选项，按照图 9-13 设置平行精加工专用参数，单击"确定"按钮，完成设置，生成加工刀具路径，如图 9-14 所示。

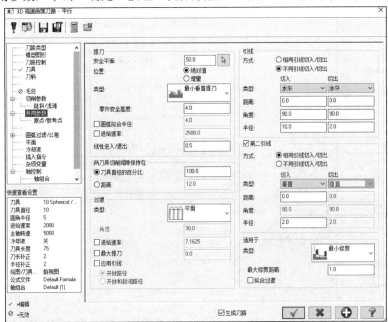

图 9-13　设置平行精加工专用参数

(8) 在刀具路径管理器中选择"属性"→"毛坯设置"命令，系统弹出"机器群组属性"对话框，单击"毛坯设置"标签，进入"毛坯设置"选项组，按照图 9-15 设置加工坯料的尺寸，单击"确定"按钮，完成参数设置。

(9) 坯料设置结果如图 9-16 所示，虚线框显示的即为毛坯。

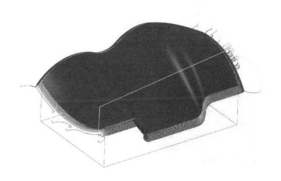

图 9-14　平行精加工刀具路径

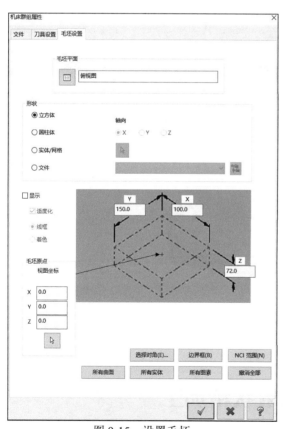

图 9-15　设置毛坯

图 9-16　毛坯

(10) 在选项卡中选择"机床"→"实体仿真"命令，系统弹出"验证"对话框，该对话框用来进行设置实体模拟的参数设置，如图 9-17 所示。

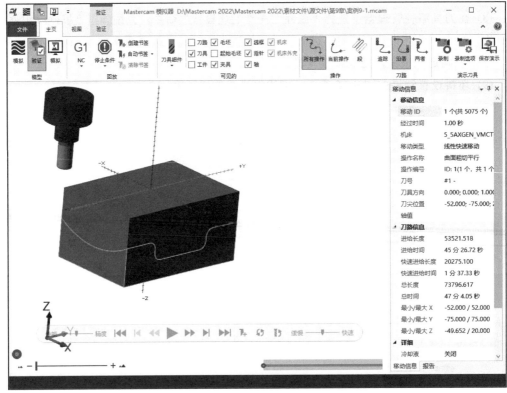

图 9-17 "验证"对话框

(11) 在"验证"对话框中单击"播放"按钮，模拟结果如图 9-18 所示。

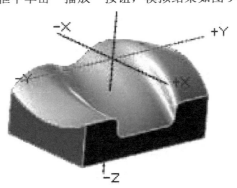

图 9-18 模拟结果

9.2 放射状精加工

放射状精加工主要用于对类似回转体的工件进行加工，其与放射状粗加工一样，产生从一点向四周发散或者从四周向中心集中的精加工刀具路径。值得注意的是，此刀具路径中心加工效果比较好，但边缘加工效果差，整体加工不均匀。

在选项卡中选择"刀路"→"3D"→"精切"→"放射"命令，选取刀路类型和加工曲面，单击"结束选择"按钮，系统弹出"3D 高速曲面刀路-放射"对话框，该对话框用来设置放射状精加工参数，如图 9-19 所示。

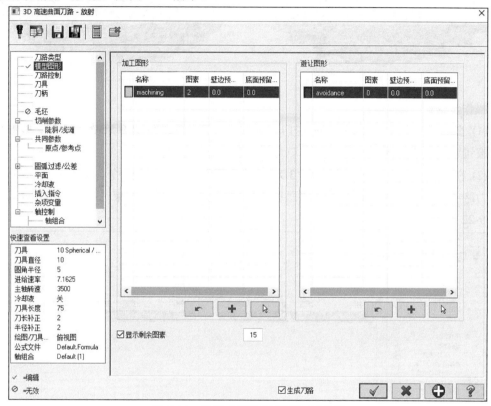

图 9-19　设置曲面放射状精加工参数

放射精加工的部分参数含义如下。

◇　总公差：用来设置刀具路径与曲面之间的误差。

◇　切削方式：用来设置切削走刀的方式，包括单向、双向、上铣削、下铣削及其他路径。

◇　起始角度：用来设置放射状精加工刀具路径起始加工与 X 轴的夹角。

◇　扫描角度：用来设置放射状路径加工的角度范围，以逆时针为正。

案例 9-2：放射精加工

对如图 9-20 所示的图形进行放射精加工，加工结果如图 9-21 所示。

图 9-20　放射精加工图形　　　　　图 9-21　放射精加工结果

操作步骤：

(1) 在选项卡中选择"文件"→"打开"命令，打开"源文件\第 9 章\案例 9-2"，单击"确定"按钮完成文件的调取。

(2) 在选项卡中选择"刀路"→"3D"→"精切"→"放射"命令，系统弹出"3D 高速曲面刀路-放射"对话框，选取加工曲面和曲面加工范围，单击"结束选择"按钮完成选取，如图 9-22 所示。

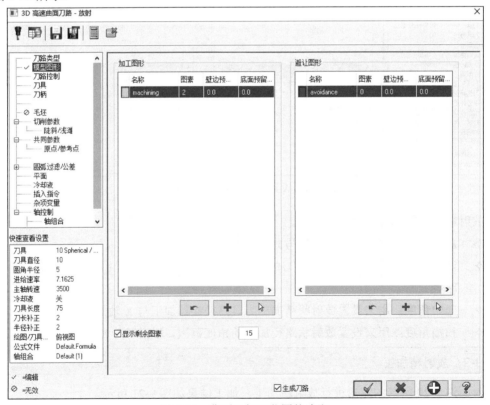

图 9-22　曲面及加工范围的选取

(3) 在"3D高速曲面刀路-放射"对话框中选择"刀具"选项，系统弹出"刀具"设置项，该设置项用来设置刀具相关参数，如图 9-23 所示。

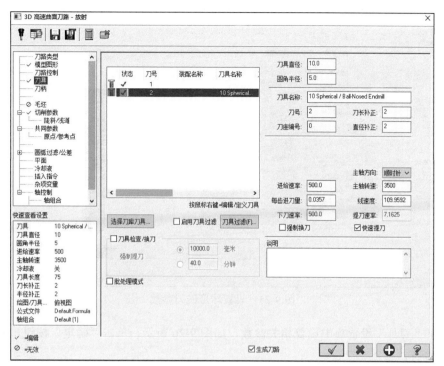

图 9-23　刀具参数

(4) 在"刀具"设置项的空白处单击鼠标右键，从右键菜单中选择"创建刀具"选项，系统弹出"定义刀具"对话框，选取刀具类型为"球形铣刀"，如图 9-24 所示。单击"下一步"按钮，系统弹出"编辑刀具"对话框，将参数设置为直径 D10 的球形铣刀，如图 9-25 所示。单击"完成"按钮，完成设置。

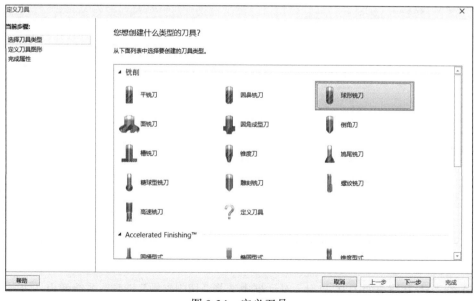

图 9-24　定义刀具

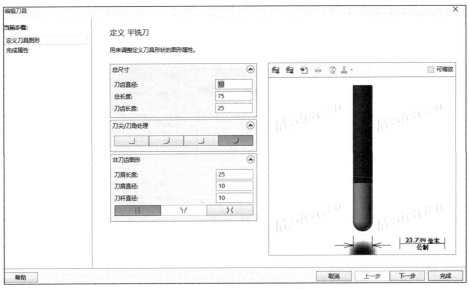

图 9-25　设置球形铣刀参数

(5) 在"刀具"设置项中设置相关参数，如图 9-26 所示。单击"确定"按钮，完成刀具路径参数设置。

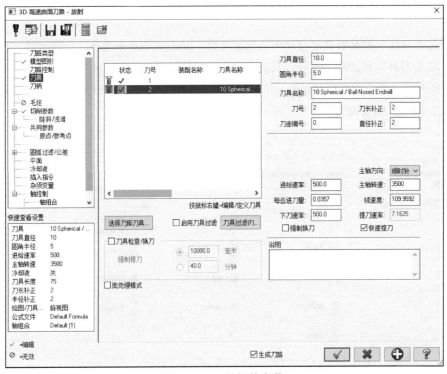

图 9-26　刀具相关参数

(6) 在"3D 高速曲面刀路-放射"对话框中选择"切削参数"选项，系统弹出"切削参数"

设置项，按照图 9-27 设置曲面相关参数，完成参数设置。

图 9-27 曲面参数

(7) 在"3D 高速曲面刀路-放射"对话框中选择"共同参数"选项，系统弹出"共同参数"设置项，按照图 9-28 设置放射状精加工专用参数，完成参数设置。

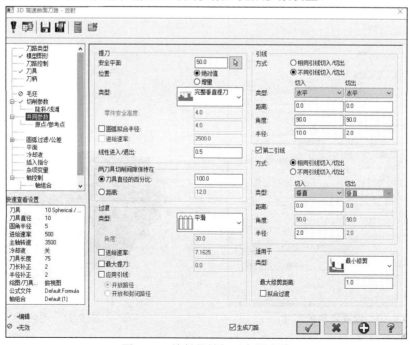

图 9-28 放射状精加工专用参数

(8) 系统便会根据设置的参数生成放射状精加工刀具路径, 如图 9-29 所示。

图 9-29　放射状精加工刀具路径

(9) 在刀具路径管理器中选择"属性"→"毛坯设置"命令, 系统弹出"机器群组属性"对话框, 单击"毛坯设置"标签, 进入"毛坯设置"选项组, 按照图 9-30 设置加工坯料的尺寸, 单击"确定"按钮, 完成参数设置

(10) 坯料设置结果如图 9-31 所示, 虚线框显示的即为毛坯。

(11) 在选项卡中选择"机床"→"实体仿真"命令, 系统弹出"验证"对话框, 该对话框用来进行设置实体模拟的参数设置, 如图 9-32 所示。

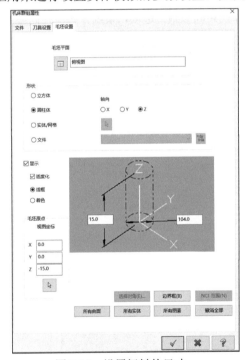

图 9-30　设置坯料的尺寸

图 9-31　毛坯

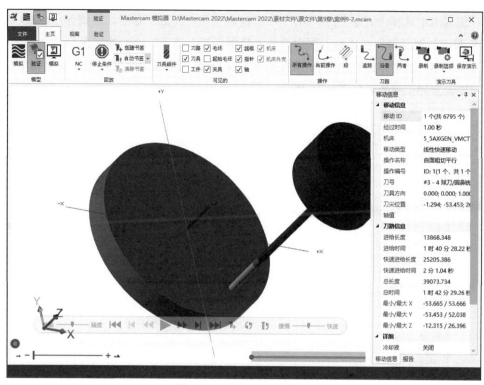

图 9-32　"验证"对话框

(12) 在"验证"对话框中单击"播放"按钮，模拟结果如图 9-33 所示。

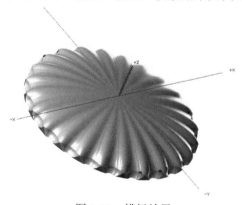

图 9-33　模拟结果

9.3　投影精加工

投影精加工是将已经存在的刀具路径或几何图形投影到曲面上产生刀具路径。投影加工的类型包括 NCI 文件投影加工、曲线投影和点集投影，加工方法与投影粗加工类似。

在选项卡中选择"刀路"→"3D"→"精切"→"投影"命令，系统弹出"3D 高速曲面刀路-投影"对话框，在该对话框中选择"模型图形"选项，选取加工图形(加工曲面)；选择"刀路控制"选项，选取切削范围(投影曲线)；选择"切削参数"选项，在"切削参数"设置项中设置加工参数，如图 9-34 所示。

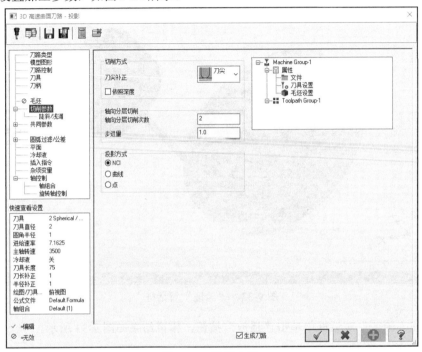

图 9-34　投影参数

部分参数含义如下。

❖　投影方式：用来设置投影加工刀具路径的类型，包括 NCI、曲线和点 3 个选项。NCI 是采用刀具路径投影；曲线是将曲线投影到曲面进行加工；点是将点或多个点投影到曲面上进行加工。

案例 9-3：投影精加工

对如图 9-35 所示的图形进行投影精加工，加工结果如图 9-36 所示。

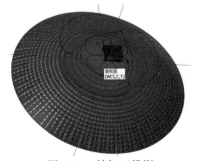

图 9-35　精加工投影

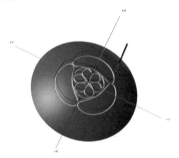

图 9-36　投影加工结果

操作步骤：

(1) 在选项卡中选择"文件"→"打开"命令，打开"源文件\第 9 章\案例 9-3"，单击"确定"按钮完成文件的调取。

(2) 在选项卡中选择"刀路"→"3D"→"精切"→"投影"命令，系统弹出"3D 高速曲面刀路-投影"对话框，在该对话框中选择"模型图形"选项，选取加工图形(加工曲面)，将壁边预留量设置为 0，底面预留量设置为-0.1，如图 9-37 所示。选择"刀路控制"选项，选取投影曲线，如图 9-38 所示。

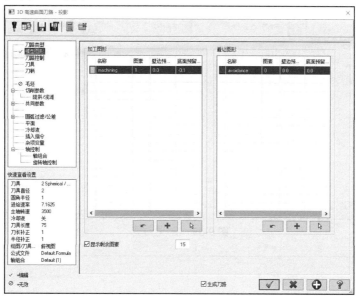

图 9-37　选择加工曲面

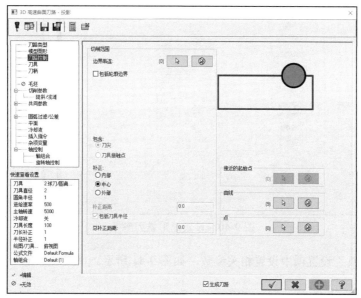

图 9-38　选择投影曲线

(3) 在"刀具"设置项的空白处单击鼠标右键，从右键菜单中选择"创建刀具"选项，系统弹出"定义刀具"对话框，选取刀具类型为"球形铣刀"，如图 9-39 所示。单击"下一步"按钮，进入"定义刀具图形"选项组，将参数设置为直径 D2 的球形铣刀，如图 9-40 所示。单击"完成"按钮，完成设置。

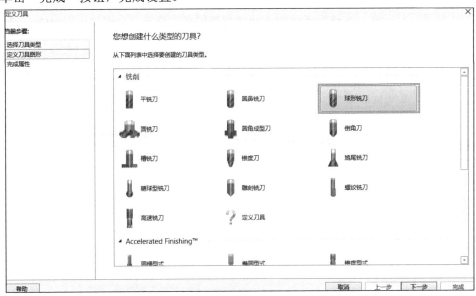

图 9-39　定义刀具

图 9-40　设置球形铣刀参数

(4) 在"刀具"设置项中设置相关参数，如图 9-41 所示。单击"确定"按钮，完成刀具路径参数设置。

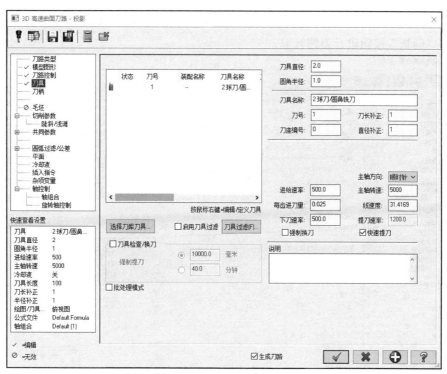

图 9-41　刀具相关参数

(5) 在"切削参数"设置项中设置切削参数，如图 9-42 所示。

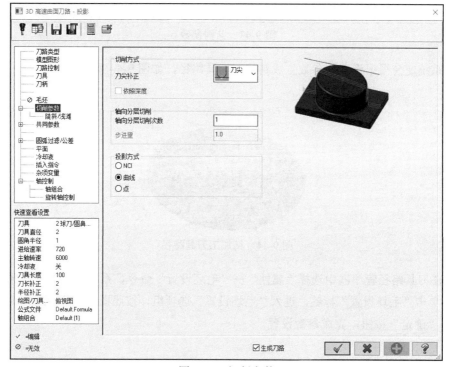

图 9-42　切削参数

(6) 在"共同参数"设置项中设置提刀、过渡、引线等参数，如图 9-43 所示。完成设置后，单击"确认"按钮进行刀路计算。

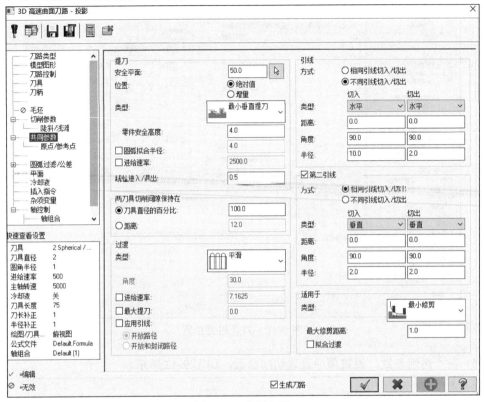

图 9-43　共同参数

(7) 系统便会根据设置的参数生成精加工刀具路径，如图 9-44 所示。

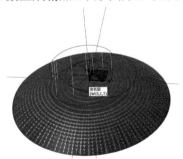

图 9-44　精加工刀具路径

(8) 在刀具路径管理器中选择"属性"→"毛坯设置"命令，系统弹出"机器群组属性"对话框，单击"毛坯设置"标签，进入"毛坯设置"选项组，按照图 9-45 设置加工坯料的尺寸，单击"确定"按钮，完成参数设置。

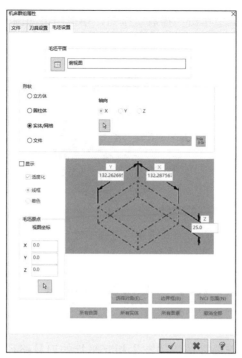

图 9-45　设置毛坯

（9）在选项卡中选择"机床"→"实体仿真"命令，系统弹出"验证"对话框，该对话框用来进行实体模拟的参数设置，如图 9-46 所示。

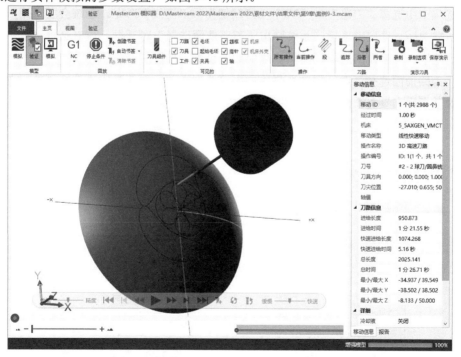

图 9-46　"验证"对话框

(10) 在"验证"对话框中单击"播放"按钮，模拟结果如图 9-47 所示。

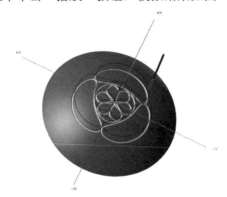

图 9-47　模拟结果

9.4　流线精加工

　　曲面流线精加工是沿着曲面的流线产生相互平行的刀具路径，选择的曲面最好不要相交，且流线方向相同，刀具路径不产生冲突，才可以产生流线精加工刀具路径。曲面流线方向一般有两个方向，且两方向相互垂直，所以流线精加工刀具路径也有两个方向，可产生曲面引导方向或截断方向加工刀具路径。

　　在选项卡中选择"刀路"→"3D"→"精切"→"流线"命令，系统会要求用户选择流线加工所需曲面，选取完毕后，系统弹出"刀路曲面选择"对话框，该对话框可以用来进行加工面的选取、干涉面的选取和曲面流线参数的设置，如图 9-48 所示。

　　在"刀路曲面选择"对话框中选择"曲面流线"选项，系统弹出"曲面流线设置"对话框，该对话框用来设置曲面流线的相关参数，如图 9-49 所示。

图 9-48　曲面选取

图 9-49　曲面流线参数

曲面流线各参数含义如下。

◇　补正方向：刀具路径产生在曲面的正面或反面的切换按钮。补正方向向外如图 9-50 所示；补正方向向内如图 9-51 所示。

图 9-50　补正方向向外　　　　　　　　图 9-51　补正方向向内

◇　切削方向：刀具路径切削方向的切换按钮。加工方向为切削方向如图 9-52 所示；加工方向为截断方向图 9-53 所示。

图 9-52　切削方向　　　　　　　　　　图 9-53　截断方向

◇　步进方向：刀具路径截断方向起始点的控制按钮。从下向上加工如图 9-54 所示；从上向下加工图 9-55 所示。

图 9-54　从下向上加工　　　　　　　　图 9-55　从上向下加工

◇　起始点：刀具路径切削方向起点的控制按钮。切削方向向左如图 9-56 所示；切削方向向右如图 9-57 所示。

图 9-56　切削方向向左　　　　　　　　图 9-57　切削方向向右

◇ 边缘公差：用来设置曲面与曲面之间的间隙值。当曲面边界之间的值大于此值，被认为曲面不连续，刀具路径也不会连续。当曲面边界之间的值小于此值，系统可以忽略曲面之间的间隙，认为曲面连续，会产生连续的刀具路径。

在"曲面精修流线"对话框中单击"曲面流线精修参数"标签，进入"曲面流线精修参数"选项组，该选项组用来设置流线精加工参数，如图 9-58 所示。

图 9-58　曲面精加工流线

该选项组中各参数的含义如下。

◇ 切削控制：用来控制沿着切削方向路径的误差。系统提供两种方式：距离和整体公差。

● 距离：用来设置刀具在曲面上沿切削方向移动的增量。此方式误差较大。

● 整体公差：通过设定刀具路径与曲面之间的误差值来控制切削方向路径的误差。

◇ 执行过切检查：勾选该复选框，即可对刀具过切现象进行调整，避免过切。

◇ 截断方向控制：用来控制垂直切削方向路径的误差。系统提供两种方式：距离和残脊高度。

● 距离：用来设置切削路径之间的距离。

● 残脊高度：用来设置切削路径之间留下的残料高度。残料超过设置高度，系统自动调整切削路径之间的距离。

◆　切削方向：用来设置流线加工的切削方式，包括双向、单向和螺旋式 3 个选项。
- ●　双向：以双向来回切削的方式进行加工。
- ●　单向：以单方向进行切削，提刀到参考高度，再下刀到起点循环切削。
- ●　螺旋式：产生螺旋式切削刀具路径。

◆　只有单行：限定只能在排成一列的曲面上产生流线加工刀具路径。

9.5　等高外形精加工

等高外形精加工适用于陡斜面加工，在工件上产生沿等高线分布的刀具路径，相当于将工件沿 Z 轴进行等分。等高外形除了可以沿 Z 轴等分外，还可以沿外形等分。

在选项卡中选择"刀路"→"3D"→"精切"→"等高"命令，选取加工曲面后，单击"确定"按钮，系统弹出"3D 高速曲面刀路-等高"对话框，在该对话框中选择"切削参数"选项设置切削方式等参数，如图 9-59 所示。再选择"共同参数"选项设置提刀等参数。

图 9-59　等高外形精加工

部分参数含义如下。

◆　封闭外形方向：包括顺铣、逆铣、顺铣环切、逆铣环切等选项。

◆　开放外形方向：包括单向、双向等选项。

◆　切削排序：包括依照深度、最佳化、由下而上等选项。

◆　刀具在转角处走圆角：用来设定刀具路径的转角处走圆弧的半径。

9.6　等距环绕精加工

等距环绕精加工可在加工多个曲面零件时采用环绕式切削，而且刀具路径采用等距式排列，残料高度固定，在整个区域上产生首尾一致的表面光洁度，抬刀次数少，因而是比较好的精加工刀具路径，常作为工件最后一层残料的清除。

在选项卡中选择"刀路"→"3D"→"精切"→"等距环绕"命令，系统弹出"3D 高速曲面刀路-等距环绕"对话框，在"3D 高速曲面刀路-等距环绕"对话框中选择"切削参数"选项，系统弹出"切削参数"设置项，该设置项用来设置等距环绕精加工参数，如图 9-60 所示。

图 9-60　等距环绕精加工参数

案例 9-4：等距环绕精切

将如图 9-61 所示的图形采用等距环绕精切，加工结果如图 9-62 所示。

图 9-61　等距环绕加工图形

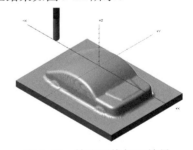

图 9-62　等距环绕加工结果

操作步骤：

(1) 在选项卡中选择"文件"→"打开"命令，打开"源文件\第 9 章\案例 9-4"，单击"确定"按钮完成文件的调取。

(2) 在选项卡中选择"刀路"→"3D"→"精切"→"等距环绕"命令，系统弹出"3D 高速曲面刀路-等距环绕"对话框，在"模型图形"和"刀路控制"设置项中选取加工曲面和边界范围曲线，如图 9-63 所示。

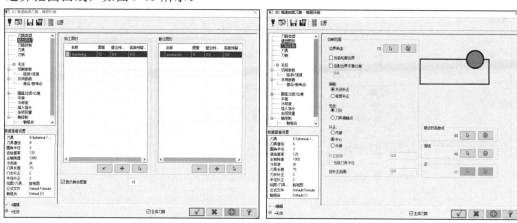

图 9-63 选取曲面和范围

(3) 选择"切削参数"选项，系统弹出"切削参数"设置项，该设置项用来设置等距环绕精切的参数，如图 9-64 所示。

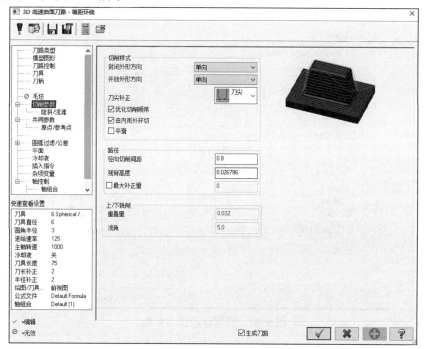

图 9-64 曲面精加工等距环绕

(4) 在"刀具"设置项的空白处单击鼠标右键，从右键菜单中选择"创建刀具"选项，系统弹出"定义刀具"对话框，选取刀具类型为"球形铣刀"，如图 9-65 所示。单击"下一步"按钮，系统弹出"编辑刀具"对话框，将球形铣刀参数设置直径为 6，如图 9-66 所示。单击"完成"按钮，完成设置。

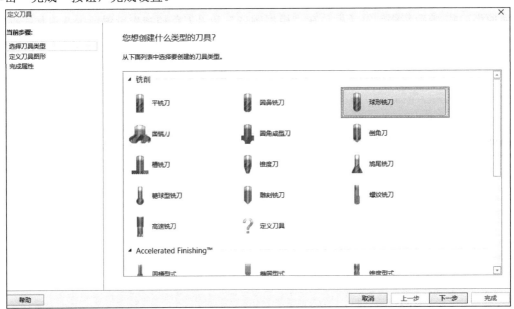

图 9-65　定义刀具

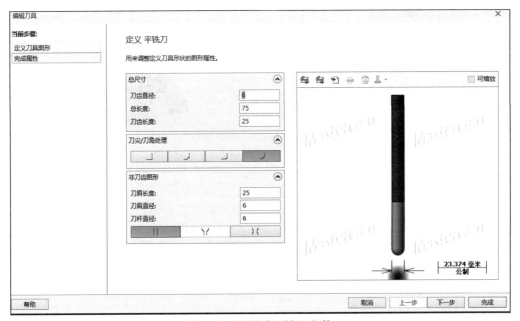

图 9-66　设置球形铣刀参数

(5) 在"刀具"设置项中，按照图 9-67 完成刀具路径参数设置。

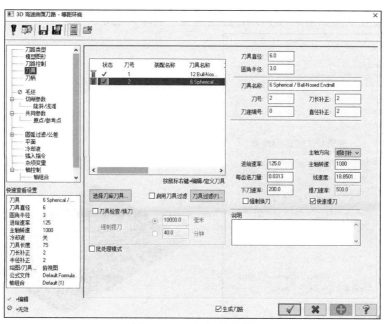

图 9-67　刀具相关参数

(6) 选择"共同参数"选项，按照图 9-68 设置曲面相关参数，单击"确定"按钮，完成参数设置。

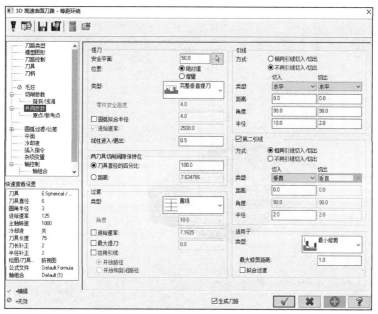

图 9-68　曲面精加工等距环绕参数

(7) 在刀具路径管理器中选择"属性"→"毛坯设置"命令，系统弹出"机器群组属性"对话框，单击"毛坯设置"标签，进入"毛坯设置"选项组，按图 9-69 设置加工坯料的尺寸，单击"确定"按钮，完成参数设置。

(8) 坯料设置结果如图 9-70 所示，虚线框显示的即为毛坯。

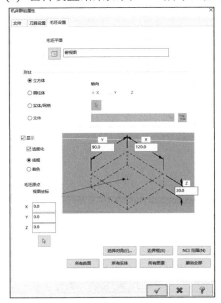

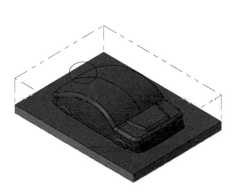

图 9-69　设置加工坯料的尺寸　　　　　　　　　图 9-70　毛坯

(9) 在选项卡中选择"机床"→"实体仿真"命令，系统弹出"验证"对话框，该对话框用来设置实体模拟的参数，如图 9-71 所示。

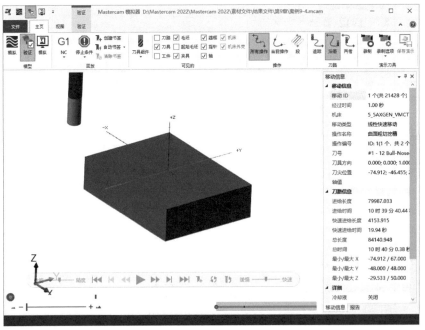

图 9-71　"验证"对话框

(10) 在"验证"对话框中单击"播放"按钮，模拟结果如图 9-72 所示。

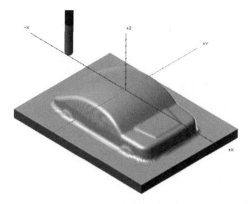

图 9-72　模拟结果

9.7　熔接精加工

　　熔接精加工是将两条曲线内形成的刀具路径投影到曲面上形成的精加工刀具路径。熔接精加工其实是双线投影精加工，需要选取两条曲线作为熔接曲线。此刀具路径从早期版本的投影精加工中分离出来，专门列为一个刀路。

　　在选项卡中选择"刀路"→"3D"→"精切"→"熔接"命令，系统弹出"3D 高速曲面刀路-熔接"对话框，在该对话框中选择"切削参数"选项，系统弹出"切削参数"设置项，该设置项用来设置熔接精加工参数，如图 9-73 所示。

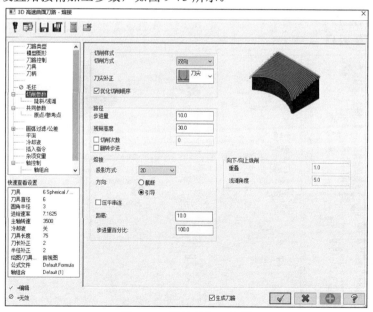

图 9-73　熔接精加工参数

　　熔接精加工部分参数含义如下。

♦ 切削方式：用来设置熔接加工切削方式，包括双向、单向和环切等选项。

  ● 双向：以双向来回切削工件。

  ● 单向：以单一方向切削到终点后，提刀到参考高度，再回到起点重新循环。

♦ 步进量：用来设定刀具路径之间的间距。

♦ 截断方向：在两熔接边界间产生截断方向熔接精加工刀具路径。这是一种二维切削方式，刀具路径是直线型的，适合腔体加工，不适合陡斜面的加工。

♦ 引导方向：在两熔接边界间产生切削方向熔接精加工刀具路径。可以选择 2D 或 3D加工方式。刀具路径由一条曲线延伸到另一条曲线，适合于流线加工。

选择引导方向时的刀具路径如图 9-74 所示；选择截断方向时的刀具路径如图 9-75 所示。

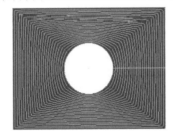 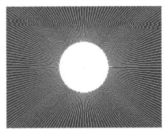

图 9-74 引导方向 图 9-75 截断方向

♦ 2D：适合产生 2D 熔接精加工刀具路径。

♦ 3D：适合产生 3D 熔接精加工刀具路径。

♦ 熔接设置：用来设置两个熔接边界在熔接时横向和纵向的距离。图 9-76 所示为用来设置引导方向的距离和步进量的百分比等参数。

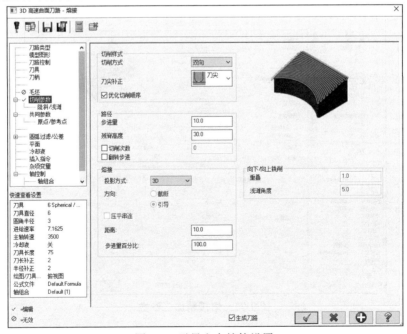

图 9-76 引导方向熔接设置

9.8 清角精加工

曲面清角精加工主要用来加工精加工之后局部区域残料无法清除的区域，或零件中刀具无法进入的曲面尖角部位。

在选项卡中选择"刀路"→"3D"→"精切"→"清角"命令，系统弹出"3D 高速曲面刀路-清角"对话框，该对话框用来设置清角精加工参数，如图 9-77 所示。

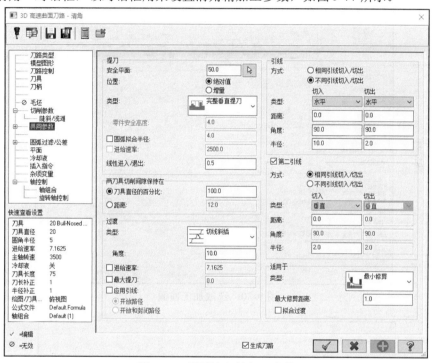

图 9-77 设置清角精加工参数

案例 9-5：清角精加工

将如图 9-78 所示的图形采用清角精切进行加工，加工结果如图 9-79 所示。

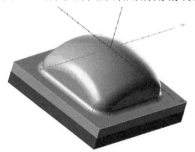

图 9-78 清角精切加工图形

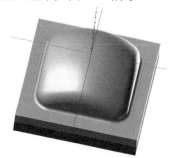

图 9-79 清角精切加工结果

操作步骤：

(1) 在选项卡中选择"文件"→"打开"命令，打开"源文件\第 9 章\案例 9-5"，单击"确定"按钮完成文件的调取。

(2) 在选项卡中选择"刀路"→"3D"→"精切"→"清角"命令，系统弹出"3D 高速曲面刀路-清角"对话框，在"模型图形"和"刀路控制"设置项中选取加工曲面和边界范围曲线，如图 9-80 和图 9-81 所示。

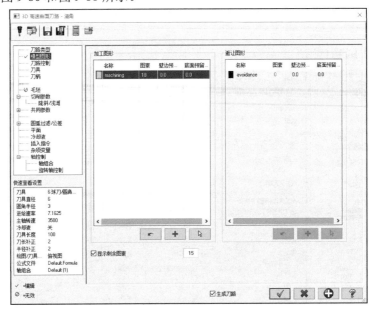

图 9-80 选取加工曲面

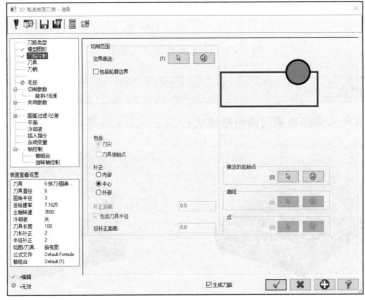

图 9-81 选取边界范围

(3) 选择"切削参数"选项，系统弹出"切削参数"设置项，该设置项用来设置清角精加工的参数，如图 9-82 所示。

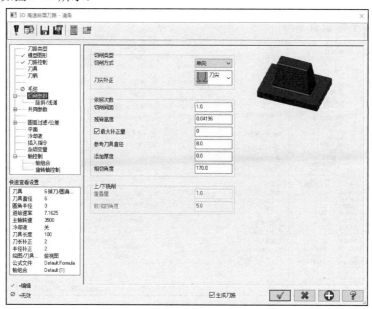

图 9-82　曲面清角精加工参数设置

(4) 在"刀具"设置项的空白处单击鼠标右键，从右键菜单中选择"创建刀具"选项，系统弹出"定义刀具"对话框，选取刀具类型为"球形铣刀"。单击"下一步"按钮，系统弹出"编辑刀具"对话框，将球形铣刀参数设置为直径 D4。单击"完成"按钮，完成设置。

(5) 在"刀具"设置项中，按照图 9-83 完成刀具路径参数设置。

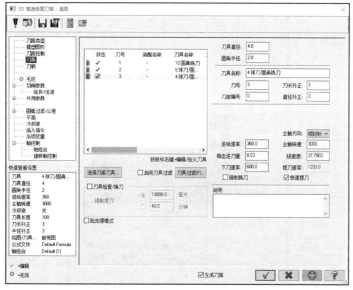

图 9-83　设置刀具相关参数

(6) 选择"共同参数"选项，按照图 9-84 设置曲面相关参数，单击"确定"按钮，完成参数设置。

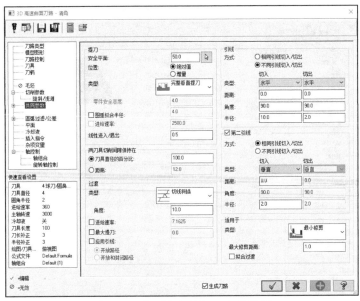

图 9-84　曲面清角精加工参数设置

(7) 在刀具路径管理器中选择"属性"→"毛坯设置"命令，系统弹出"机器群组属性"对话框，单击"毛坯设置"标签，进入"毛坯设置"选项组，按照图 9-85 设置加工坯料的尺寸，单击"确定"按钮，完成参数设置。

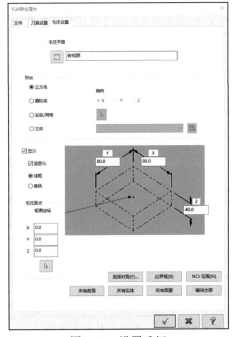

图 9-85　设置毛坯

(8) 坯料设置结果如图 9-86 所示，虚线框显示的即为毛坯。

(9) 在选项卡中选择"机床"→"实体仿真"命令，系统弹出"验证"对话框，该对话框用来设置实体模拟的参数。

(10) 在"验证"对话框中单击"播放"按钮，模拟结果如图 9-87 所示。

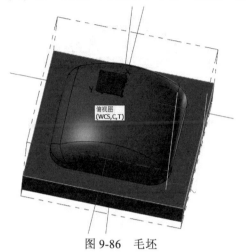
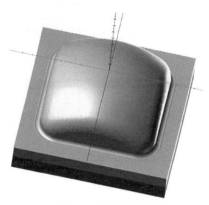

图 9-86　毛坯　　　　　　　　　　　图 9-87　模拟结果

9.9　本章小结

本章主要讲解了三维曲面精加工的参数含义及参数设置技巧。通过对本章内容的学习，读者可理解曲面精加工的目的，掌握曲面精加工中每种精加工的优点和缺点，并对多个精加工的优缺点进行相互结合，达到快速去除残料的最终目的。Mastercam 提供了非常多的精加工刀具路径，包括平行精加工、放射精加工、投影精加工、流线精加工、等距环绕精加工、熔接精加工等。利用曲面精加工刀具路径可产生精准的精修曲面。曲面精加工的目的主要是通过精修获得必要的加工精度和表面粗糙度。

9.10　练习题

一、填空题

1．三维曲面精加工主要是对上一工序的_____或_____后剩余的残料进行再加工，以进一步清除残料，达到所要求的尺寸精度和表面光洁度。

2．平行铣削精加工是以指定的角度产生_____的刀具切削路径。刀具路径_____，在加工比较平坦的曲面时，此刀具路径加工的效果非常好，精度也比较高。

3．三维曲面精加工的方法有_____、_____、_____、_____、_____等。

4．曲面流线精加工是沿着_____产生相互平行的刀具路径。

二、上机题

1．采用曲面精加工对如图 9-88 所示的图形进行加工，加工结果如图 9-89 所示。

图 9-88　待加工图形

图 9-89　加工结果

2．采用曲面精加工对如图 9-90 所示的图形进行加工，加工结果如图 9-91 所示。

图 9-90　待加工图形

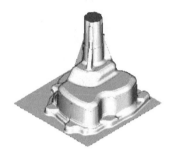

图 9-91　加工结果

3．采用曲面精加工对如图 9-92 所示的图形进行加工，加工结果如图 9-93 所示。

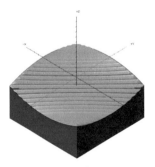

图 9-92　待加工图形

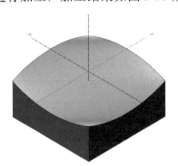

图 9-93　加工结果

第 10 章
多轴加工系统

本章介绍 Mastercam 中的多轴加工系统，包括曲线五轴加工、侧刃铣削加工、多轴平行加工、多轴沿面加工、钻孔五轴加工等多轴加工方式，并介绍它们的操作过程及应用特点。在三轴数控机床上，附加了刀具轴绕 X、Y 或 Z 轴方向的旋转运动，形成了多轴(四轴和五轴)加工方式；四轴加工指刀具不仅可在 X、Y、Z 方向平移，刀具轴还可以绕 X、Y 或 Z 轴旋转；五轴加工则是指刀具轴总是垂直于加工工件表面的加工方式。

 学习目标

❖ 了解多轴加工方式的类型。

❖ 掌握曲线五轴加工、侧刃铣削加工、多轴平行加工、多轴沿面加工、钻孔五轴加工的操作技巧。

❖ 掌握多轴加工的参数设置和对象的选择。

本章教学视频

10.1　曲线五轴加工

曲线五轴加工多用于加工三维曲线或曲面边界。在选项卡中选择"刀路"→"多轴加工"→"曲线"命令，系统弹出"多轴刀路-曲线"对话框，在该对话框中可以设置刀具相关参数，如图 10-1 所示。

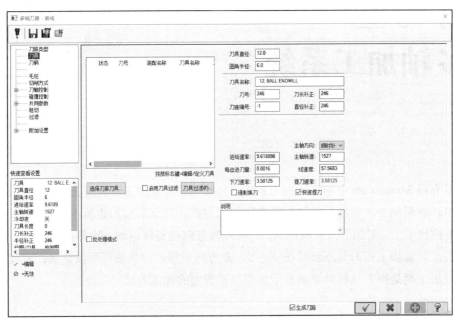

图 10-1　"多轴刀路-曲线"对话框

在"多轴刀路-曲线"对话框中选择"切削方式"选项，系统弹出"切削方式"设置项，在该设置项中可以选择曲线类型，系统提供了 3D 曲线、所有曲面边缘、单个曲面边缘 3 种选择，如图 10-2 所示。补正方式、补正方向、刀尖补正的选择与前述类似，此处不再赘述。

在"多轴刀路-曲线"对话框中选择"刀轴控制"选项，系统弹出"刀轴控制"设置项，在该设置项中可以选择刀轴控制方式，系统提供了直线、曲面、平面、从点、到点、曲线 6 种选择；输出方式包括 5 轴、4 轴、3 轴 3 个选项；轴旋转包括 X、Y、Z 轴，如图 10-3 所示。

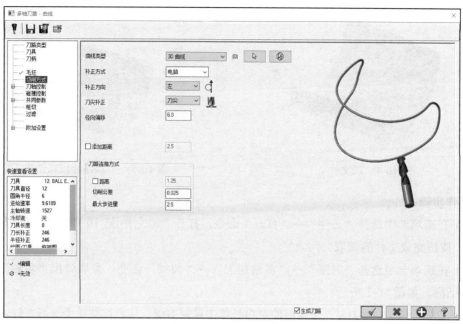

图 10-2　切削方式设置

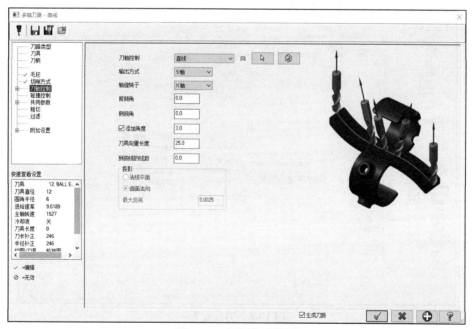

图 10-3　切削方式设置

案例 10-1：曲线五轴加工

对如图 10-4 所示的曲线进行五轴加工，刀具路径模拟结果如图 10-5 所示。

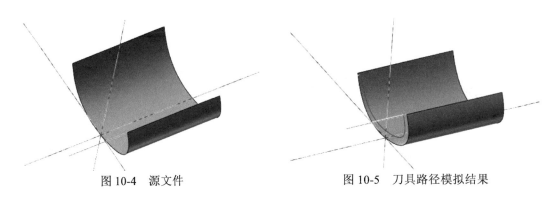

图 10-4　源文件　　　　　　　　　图 10-5　刀具路径模拟结果

操作步骤：

(1) 在选项卡中选择"文件"→"打开"命令，打开"源文件\第 10 章\案例 10-1"，单击"确定"按钮完成文件的调取。

(2) 在选项卡中选择"刀路"→"多轴加工"→"曲线"命令，系统弹出"多轴刀路-曲线"对话框，如图 10-1 所示。

(3) 刀具设置。在"刀具"设置项的空白处单击鼠标右键，从右键菜单中选择"创建刀具"选项，系统弹出"定义刀具"对话框，选择圆鼻铣刀，并将刀具直径设置为 8，如图 10-6 所示。

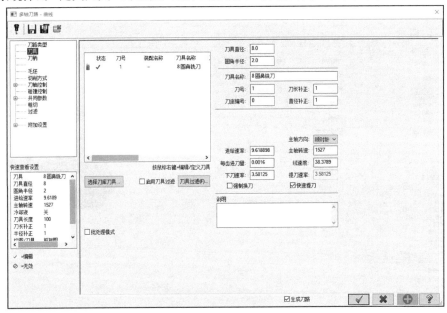

图 10-6　刀具设置

(4) 定义切削方式。选择"切削方式"选项，选择曲线类型为"3D 曲线"，并选择绘图区的曲线，如图 10-7 所示。

(5) 定义刀轴控制。选择"刀轴控制"选项，选择刀轴控制为"直线"，并选择绘图区的直线，箭头方向代表刀尖进入的方向，如图 10-8 所示；再设置输出方式及旋转轴，如图 10-9 所示。

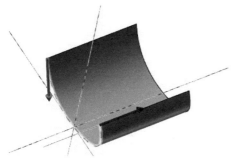

图 10-7　选择 3D 曲线

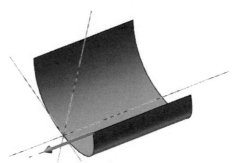

图 10-8　选择刀轴控制方式

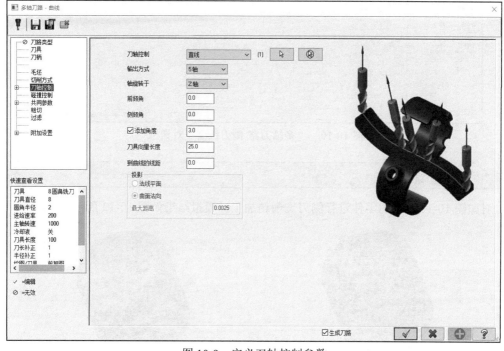

图 10-9　定义刀轴控制参数

(6) 定义共同参数。设置安全高度为 25，参考高度为 20，下刀位置为 2。

(7) 单击"模拟已选择的操作"按钮或"机床"→"刀路模拟"，系统弹出"路径模拟"对话框，单击"播放"按钮，可以模拟刀具路线，模拟结果如图 10-5 所示。

10.2　侧刃铣削加工

侧刃铣削加工主要用于侧面加工或轮廓加工。在选项卡中选择"刀路"→"多轴加工"→"侧刃铣削"命令，系统弹出"多轴刀路-侧刃铣削"对话框，如图 10-10 所示。

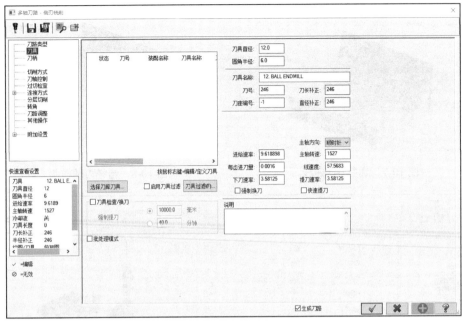

图 10-10　"多轴刀路-侧刃铣削"对话框

案例 10-2：侧刃铣削加工

对如图 10-11 所示的零件进行侧刃铣削精加工，模拟结果如图 10-12 所示。

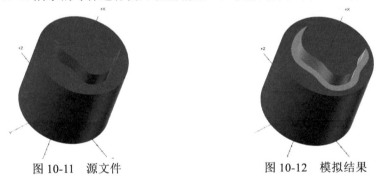

图 10-11　源文件　　　　　　　　　图 10-12　模拟结果

操作步骤：

(1) 在选项卡中选择"文件"→"打开"命令，打开"源文件\第 10 章\案例 10-2"，单击"确定"按钮完成文件的调取。

(2) 在选项卡中选择"刀路"→"多轴加工"→"侧刃铣削"命令，系统弹出"多轴刀路-侧刃铣削"对话框，如图 10-13 所示。

(3) 刀具设置。在"刀具"设置项的空白处单击鼠标右键，从右键菜单中选择"创建刀具"选项，系统弹出"定义刀具"对话框，选择平铣刀，并将刀具直径设置为 8，如图 10-13 所示。

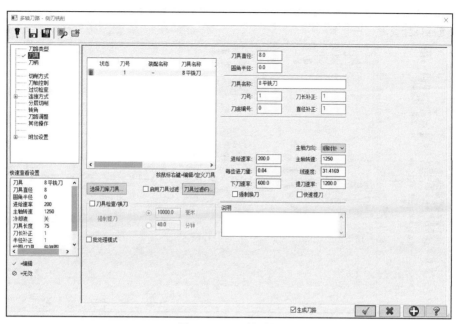

图 10-13　刀具设置

(4) 定义切削方式。选择"切削方式"选项，选择沿边几何图形，如图 10-14 所示，并设置沿边间隙为-0.1；之后选择底面几何图形，如图 10-15 所示。

图 10-14　选择沿边几何图形

图 10-15　底面几何图形

(5) 定义刀轴控制。选择刀轴输出方式为"5 轴"。单击"完成"按钮，完成刀具路径的设置。

(6) 在刀路管理器中选择"验证已选择的操作"命令或在选项卡中选择"机床"→"实体仿真"命令，系统弹出"验证"对话框，单击"播放"按钮，模拟结果如图 10-11 所示。

10.3　多轴平行加工

多轴平行加工可以利用平行于曲线或曲面进行曲面切削加工。在选项卡中选择"刀路"→"多轴加工"→"平行"命令，系统弹出"多轴刀路-平行"对话框，如图 10-16 所示。

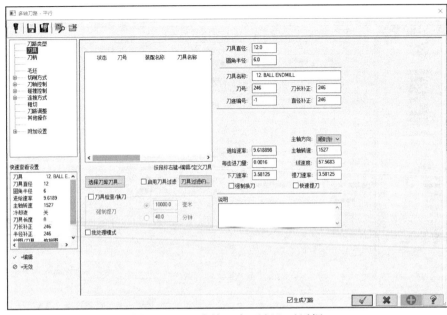

图 10-16　"多轴刀路-平行"对话框

在"多轴刀路-平行"对话框中，选择"刀具"选项，可以进行刀具参数设置；选择"切削方式"选项，可以设置"平行到"(曲线/曲面/角度)、"加工面"等，如图 10-17 所示。

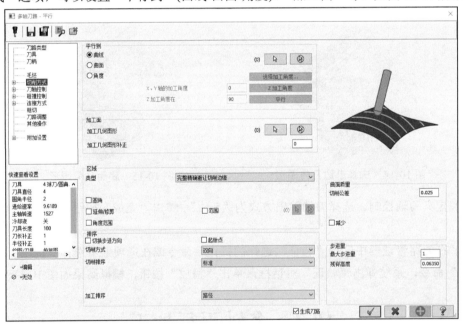

图 10-17　设置切削方式

案例 10-3：多轴平行加工

对如图 10-18 所示的零件进行多轴平行加工，路径模拟结果如图 10-19 所示。

图 10-18　源文件

图 10-19　模拟结果

操作步骤:

(1) 在选项卡中选择"文件"→"打开"命令,打开"源文件\第 10 章\案例 10-3",单击"确定"按钮完成文件的调取。

(2) 在选项卡中选择"刀路"→"多轴加工"→"平行"命令,系统弹出"多轴刀路-平行"对话框。

(3) 刀具设置。在"刀具"设置项的空白处单击鼠标右键,从右键菜单中选择"创建刀具"选项,系统弹出"定义刀具"对话框,选择球形铣刀,并将刀具直径设置为 4,如图 10-20 所示。

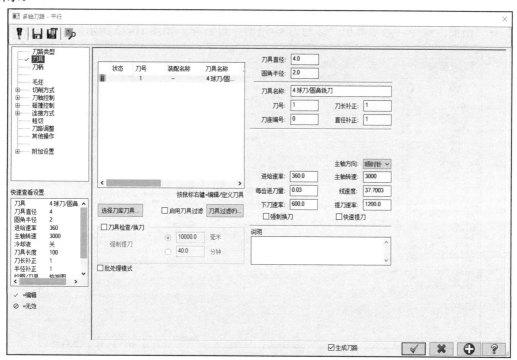

图 10-20　刀具设置

(4) 定义切削方式。选择"切削方式"选项,选中"曲面"单选按钮,选择平行曲面,如图 10-21 所示;选择加工几何图形,如图 10-22 所示。

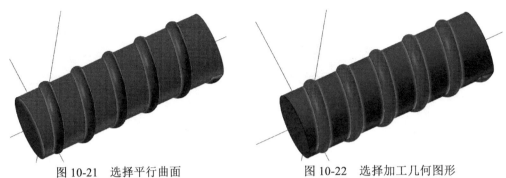

图 10-21　选择平行曲面　　　　　　　图 10-22　选择加工几何图形

　　(5) 定义刀轴控制。选择刀轴输出方式为"4 轴"，设置旋转轴为"X 轴"。单击"完成"
按钮，完成刀具路径的设置。

　　(6) 单击"模拟已选择的操作"按钮或"机床"→"刀路模拟"，系统弹出"路径模拟"
对话框，单击"播放"按钮，可以模拟刀具路线，模拟结果如图 10-19 所示。

10.4　多轴沿面加工

　　多轴沿面加工是沿着曲面的法线方向进行加工。在选项卡中选择"刀路"→"多轴加
工"→"沿面"命令，系统弹出"多轴刀路-沿面"对话框，如图 10-23 所示。

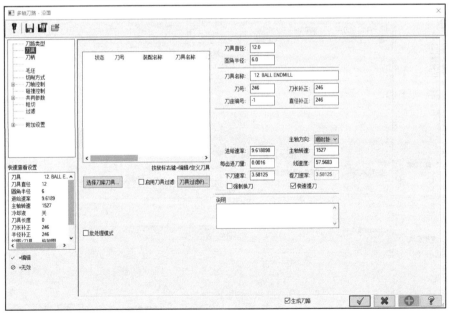

图 10-23　"多轴刀路-沿面"对话框

　　在"多轴刀路-沿面"对话框中，选择"刀具"选项，可以进行刀具参数设置；选择"切
削方式"选项，可以设置沿面参数等，如图 10-24 所示。

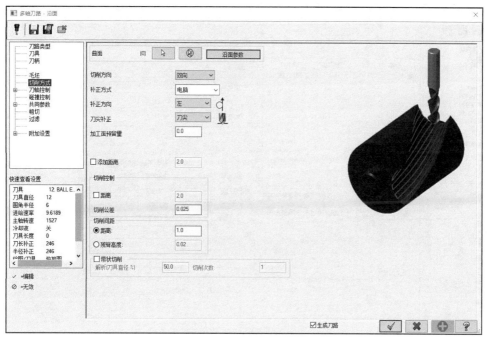

图 10-24　设置切削方式

案例 10-4：多轴沿面加工

对如图 10-25 所示的零件进行多轴沿面加工，路径模拟结果如图 10-26 所示。

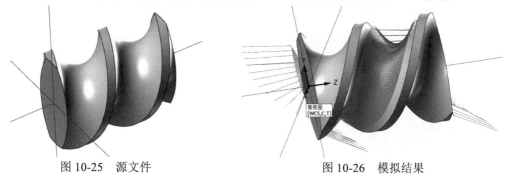

图 10-25　源文件　　　　　　　　图 10-26　模拟结果

操作步骤：

(1) 在选项卡中选择"文件"→"打开"命令，打开"源文件\第 10 章\案例 10-4"，单击"确定"按钮完成文件的调取。

(2) 在选项卡中选择"刀路"→"多轴加工"→"沿面"命令，系统弹出"多轴刀路-沿面"对话框。

(3) 刀具设置。在"刀具"设置项的空白处单击鼠标右键，从右键菜单中选择"创建刀具"选项，系统弹出"定义刀具"对话框，选择球刀，并将刀具直径设置为 4，如图 10-27 所示。

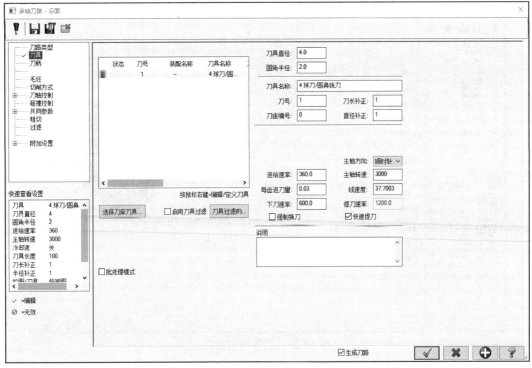

图 10-27　刀具设置

(4) 定义切削方式。选择"切削方式"选项，选择加工曲面，如图 10-28 所示，并进行曲面流线设置，如图 10-29 所示。

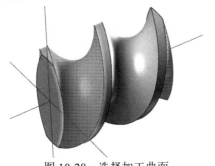

图 10-28　选择加工曲面

图 10-29　曲线流线设置

(5) 定义刀轴控制。选择刀轴输出方式为"4 轴"，设置旋转轴为"Z 轴"，定义刀轴控制到点，选择中心点。单击"完成"按钮，完成刀具路径的设置。

(6) 单击"模拟已选择的操作"按钮或"机床"→"刀路模拟"，系统弹出"路径模拟"对话框，单击"播放"按钮，可以模拟刀具路线，模拟结果如图 10-26 所示。

10.5　钻孔五轴加工

钻孔五轴加工可以以一个点或者一个钻孔向量在曲面上产生钻孔的刀具路径。

案例 10-5：钻孔五轴加工

对如图 10-30 所示的零件进行钻孔五轴加工，模拟结果如图 10-31 所示。

图 10-30　源文件　　　　　　　　图 10-31　模拟结果

操作步骤：

(1) 在选项卡中选择"文件"→"打开"命令，打开"源文件\第 10 章\案例 10-5"，单击"确定"按钮完成文件的调取。

(2) 在选项卡中选择"刀路"→"2D"→"钻孔"命令，系统弹出"刀路孔定义"对话框，选择钻孔点，如图 10-32 所示。单击"完成"按钮，系统弹出"2D 刀路-钻孔/全圆铣削 深孔钻-无啄孔"对话框。

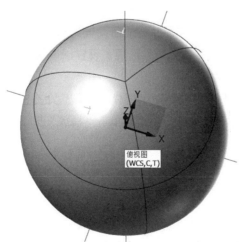

图 10-32　选择钻孔点

(3) 刀具设置。在"刀具"设置项的空白处单击鼠标右键，从右键菜单中选择"创建刀具"选项，系统弹出"定义刀具"对话框，选择钻头，并将刀具直径设置为 4，如图 10-33 所示。

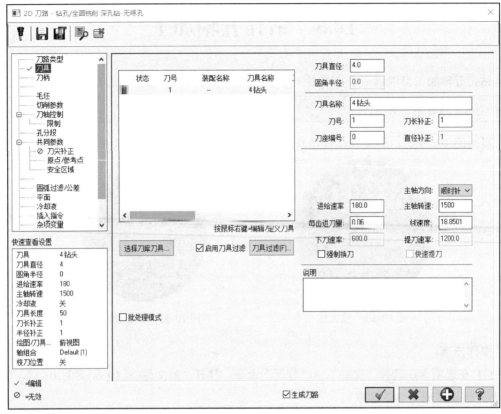

图 10-33　刀具设置

(4) 定义切削参数。选择"切削参数"选项，设置循环方式为"深孔啄钻(G83)"。

(5) 定义刀轴控制。选择"刀轴控制"选项，选择刀轴输出方式为"5 轴"，设置旋转轴为"X 轴"，选择刀轴控制为"曲面"，并将曲面设置为球面。

(6) 定义共同参数。选择"共同参数"选项，设置深度为-10。单击"完成"按钮，完成刀具路径的设置。

(7) 在刀路操作管理器中选择"验证已选择的操作"命令或在选项卡中选择"机床"→"实体仿真"命令，系统弹出"验证"对话框，单击"播放"按钮，模拟结果如图 10-31 所示。

10.6　本章小结

本章介绍了 Mastercam 中的曲线五轴加工、侧刃铣削加工、多轴平行加工、多轴沿面加工、钻孔五轴加工等加工方法的基本操作。多轴加工用于加工更为复杂的三维曲面，加工范围很广。

10.7　练习题

一、简答题

1．简述 Mastercam 的多轴加工类型及加工特点。

2．简述加工系统中三轴、四轴、五轴的含义。

3．简述五轴加工各个加工类型的应用范围。

二、上机题

1．采用多轴加工方式加工出如图 10-34 所示的图形。

2．采用多轴加工方式加工出如图 10-35 所示的图形。

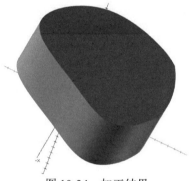

图 10-34　加工结果　　　　　　　　　图 10-35　加工结果

第 11 章
车床加工系统

本章主要介绍 Mastercam 车床加工系统的车床加工基础，粗车、精车、端面车削、切槽加工、车削螺纹加工、钻孔、切断等车削功能，并介绍各车床加工方法中各参数的含义、加工方法的应用特点及设计思路。

 学习目标

◇ 理解车床加工基础，掌握工件设置与刀具管理的操作。

◇ 掌握粗车、精车、端面车削、切槽加工、车削螺纹加工、钻孔、切断等加工方法。

◇ 理解各加工方法中切削参数设置的含义。

本章教学视频

11.1　车床加工基础

在选项卡中选择"机床"→"车床"命令，系统弹出"车削"选项卡，可在该选项卡中选择不同的加工方法，包括粗车、精车、钻孔、车端面等，如图 11-1 所示。

图 11-1　等高外形粗加工参数设置

与铣床加工系统类似，车床加工系统需要设置刀具、工件及毛坯等参数，才能生成车削刀具路径。将车床加工系统与铣床加工系统进行比较，两者除刀具、工件的设置方式不同外，其他设置基本相似。

11.1.1　坐标系

根据刀架位置的不同，车床坐标系可以分为左手坐标系和右手坐标系两大系统。当刀架位置与操作人员在同一侧时，采用右手坐标系统；当刀架与操作人员在异侧时，采用左手坐标系统。通用数控车床一般采用右手坐标系统。

在绘制工作图形之前，必须给定坐标原点，确定工件坐标系。数控车床选取原点的方法有两种，即在工件右端面或夹头面选择原点。

一般数控车床使用 X 轴和 Z 轴来控制车床运动，Z 轴平行于车床主轴，+Z 方向为刀具远离刀柄的方向；X 轴垂直于车床主轴，+X 方向为远离主轴线的方向。刀座与操作员同侧时，+X 方向为远离机床靠近操作员的方向；刀座与操作员异侧时，+X 方向为远离机床和操作员的方向。

11.1.2 工件设置

车床加工系统与铣床加工系统相似，需要对所加工的工件进行参数设置。在刀路操作管理器中选择"属性"→"毛坯设置"命令，系统弹出"机器群组属性"对话框，单击"毛坯设置"标签，进入"毛坯设置"选项组，如图 11-2 所示。

(1) 毛坯。"毛坯"选项用于设置毛坯外形的位置，系统提供了两种选择，即"左侧主轴"和"右侧主轴"，系统默认为"左侧主轴"。单击"参数"按钮，系统弹出"机床组件管理：毛坯"对话框，在该对话框中可以设置毛坯的外形、外径、长度、轴向位置等参数，如图 11-3 所示。

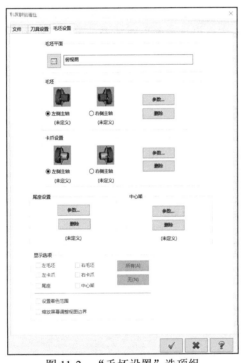

图 11-2 "毛坯设置"选项组

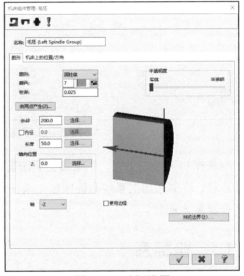

图 11-3 毛坯设置

(2) 卡爪设置。"卡爪设置"选项用于设置卡爪外形，系统提供了两种选择，即"左侧主轴"和"右侧主轴"，系统默认为"左侧主轴"。单击"参数"按钮，系统弹出"机床组件管理：卡盘"对话框，在该对话框中可以设置卡爪的外形尺寸等参数，如图 11-4 所示。

(3) 尾座设置。"尾座设置"选项用于设置尾座外形尺寸参数。单击"参数"按钮，系统弹出"机床组件管理：中心"对话框，在该对话框中可以设置尾座的中心长度、角度、中心直径等，如图 11-5 所示。

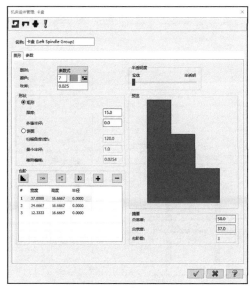

图 11-4　卡爪设置

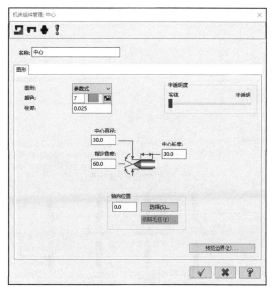

图 11-5　尾座设置

　　(4) 中心架。"中心架"选项用于设置中心架的位置。单击"参数"按钮，系统弹出"机床组件管理：中心架"对话框，在该对话框中可以设置中心架的定位点坐标及选择车床碰撞避让边界，如图 11-6 所示。

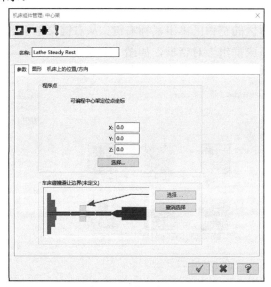

图 11-6　中心架设置

11.1.3　刀具管理器

　　在选项卡中选择"车削"→"工具"→"车刀管理"命令，系统弹出"刀具管理"对话框，如图 11-7 所示。

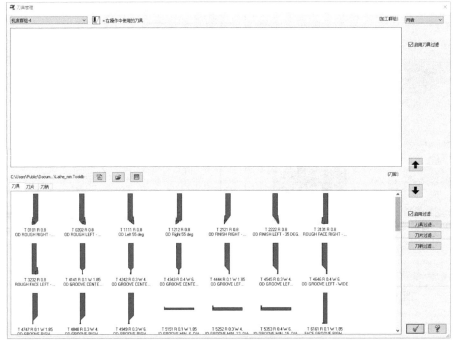

图 11-7　刀具管理

选择刀具有两种方式，一种是在刀具库中选取，另一种是创建新刀具。在"刀具管理"对话框中的刀具列表显示区的空白区单击鼠标右键，从右键菜单中选择"创建新刀具"选项，系统弹出"定义刀具：机床群组"对话框，如图 11-8 所示。

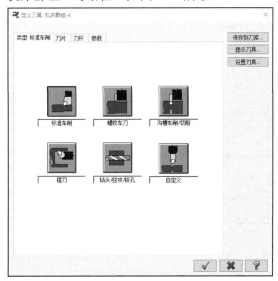

图 11-8　定义刀具

在"定义刀具：机床群组"对话框中，可以选择车刀刀具的类型，系统提供了标准车削、螺纹车刀、沟槽车削/切断、镗刀、钻头/攻丝/铰孔、自定义 6 种刀具类型。选择车刀类型后，便可以进行刀片、刀杆等参数的设置。

在"定义刀具：机床群组"对话框中单击"刀片"标签，即可设置车刀刀片参数，图 11-9
所示为标准车削的刀片参数设置选项组。

部分参数含义如下。

◇　选择目录：用于选择刀具目录文件或预设置的刀片文件。

◇　选择刀片：用于选择合适的刀片。单击该按钮，系统弹出"标准车床/钻头刀片"对
　　话框，如图 11-10 所示。

◇　保存刀片：系统将定义好的刀片存储到目录文件中。

◇　刀片名称：用于输入刀头的名称，以便于标识。

◇　刀片材质：用于定义刀头的材料，可以在其下拉列表中直接选取。

◇　形状：用于设置刀头的形状。

◇　断面形状：用于设置刀片的断面形状。

◇　内圆直径或周长、厚度、圆角半径：用于设置刀头相关参数。

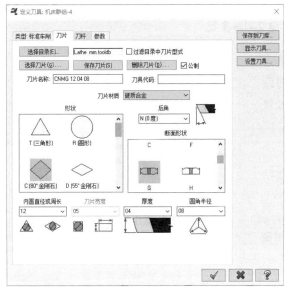

图 11-9　定义刀片参数

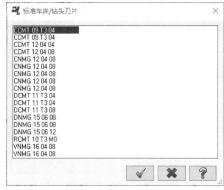

图 11-10　选择刀片

在"定义刀具：机床群组"对话框中单击"刀杆"标签，即可设置刀杆参数，图 11-11
所示为标准车削的刀杆参数设置选项组。

部分参数含义如下。

◇　类型：用于选择刀杆类型。

◇　刀杆图形：A、B、C、D、E 等参数分别代表了刀头的尺寸参数。

◇　刀杆断面形状：用于设置刀杆断面形状和尺寸参数。

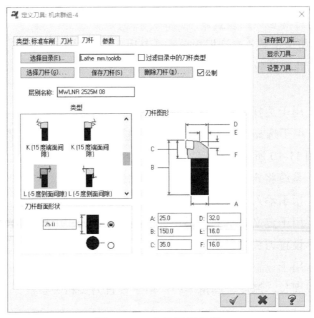

图 11-11　定义刀杆参数

在"定义刀具：机床群组"对话框中单击
"参数"标签，即可设置默认切削参数、刀路
参数等，图 11-12 所示为标准车削的参数设置
选项组。

部分参数含义如下。

◇ 程序参数：用来设置刀号、刀塔号码、
　　刀具偏置编号等。

◇ 默认切削参数：用来设置切削参数。

◇ 刀路参数：用来设置粗车/精车切削量
　　等参数。

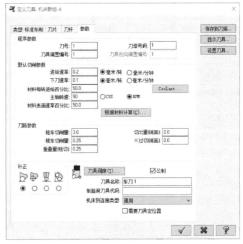

图 11-12　参数设置

11.2　粗车加工方法

粗车主要用于切除工件外形外侧、内侧和端面的多余材料，使毛坯经过粗加工后的尺寸
和形状与成品接近，方便后续的精加工。

在选项卡中选择"车削"→"标准"→"粗车"命令，系统弹出"实体串连"对话框，
拾取加工图素，单击"完成"按钮，系统弹出"粗车"对话框，如图 11-13 所示。

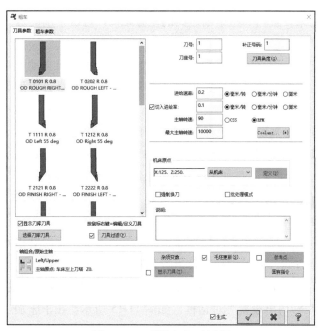

图 11-13　"粗车"对话框

在"刀具参数"选项中选择车刀刀具或新建车刀刀具，并设置进给速率、主轴转速等参数。在"粗车参数"选项组中设置切削方式、刀具补正方式、进入/退出延伸量等参数，如图 11-14 所示。

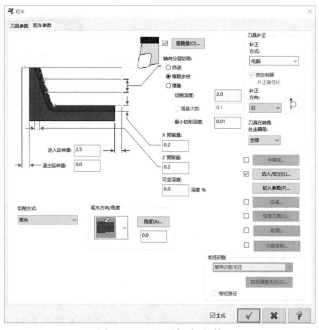

图 11-14　设置粗车参数

部分参数含义如下。

◇ 重叠量：用来设置相邻粗车削之间的重叠距离，每次车削的退刀量等于车削深度和重叠量之和。

◇ 轴向分层切削：用来设置每次车削加工的切削深度。有自动、等距步进、增量 3 种方式可以选择，若选中"等距步进"单选按钮，则系统设置最大切削深度为刀具所允许的最大值。

◇ X/Z 预留量：用来设置毛坯在 X 和 Z 方向上的预留量。

◇ 进入/退出延伸量：用来设置刀具开始进刀/退刀时距工件表面的距离。

◇ 切削方式：用来定义车削加工的方式，系统提供单向、双向往复、双向斜插 3 种方式。

◇ 粗车方向/角度：用来设置粗切方向和粗车角度。包括 4 种粗车方向，分别是外径、内径、端面、背面。

◇ 刀具补正：刀具补正方式包括电脑、控制器、磨损、反向磨损 4 类；补正方向包括左、右两个方向；可以进行刀具走圆弧转角设置。

◇ 切入/切出：在车削刀具路径中添加进/退刀刀具路径。单击"切入/切出"按钮，系统弹出"切入/切出设置"对话框，如图 11-15 所示。在车床加工系统中，通过调整轮廓线或添加进刀向量的方式来设置进/退刀刀具路径。

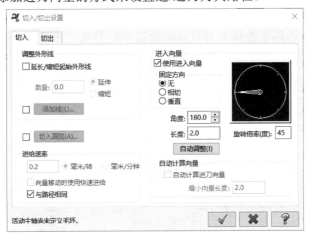

图 11-15 切入/切出设置

在"切入/切出设置"对话框中，各参数含义如下。

◇ 调整外形线：系统提供了延长/缩短起始外形线、添加线、切入圆弧 3 种方式。"延伸/缩短起始外形线"是指延伸/回缩串连刀具路径的起点，可以选择延伸串连起点、回缩串连起点或直接输入距离。"添加线"是在串连起点处添加一段直线，勾选"添加线"复选框后，单击"添加线"按钮，系统弹出"新建轮廓线"话框，如图 11-16 所示。在"长度"框中输入直线的长度，在"角度"框中输入与 Z 轴的夹角。"切入圆弧"是在串连起点处添加一段圆弧，勾选"切入圆弧"复选框后，单击"切入圆弧"按钮，系统弹出"切入/切出圆弧"对话框，如图 11-17 所示。

◇ 进入向量：用来添加直线的进/退刀刀具路径。直线方向由长度和角度来确定，系统提供了 3 种进刀向量的方向，包括无、相切、垂直。

图 11-16　新建轮廓线

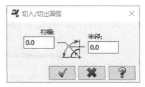

图 11-17　切入/切出圆弧

在"粗车参数"选项组中，单击"切入参数"按钮，系统弹出"车削切入参数"对话框，在该对话中进行车削切入、角度间隙、起始切削的设置，如图 11-18 所示。

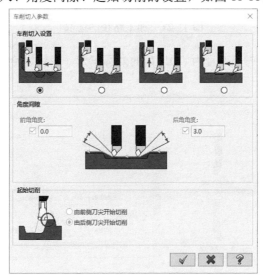

图 11-18　车削切入参数设置

案例 11-1：外圆粗车加工

将如图 11-19 所示的起始毛坯进行粗车加工，加工结果如图 11-20 所示。

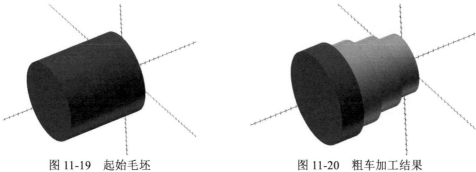

图 11-19　起始毛坯　　　　　　　图 11-20　粗车加工结果

操作步骤：

(1) 在选项卡中选择"文件"→"打开"命令，打开"源文件\第 11 章\案例 11-1"，单击"确定"按钮完成文件的调取。

(2) 在选项卡中选择"车削"→"标准"→"粗车"命令，系统要求选取串连图素，选择加工路径，如图 11-21 所示。单击"确定"按钮，完成选取。

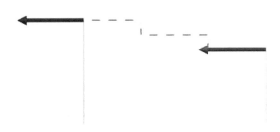

图 11-21 加工路径的选取

(3) 设置刀具参数。选取刀号为 T0101 的外圆车刀，设置进给速率为 0.2，切入进给率为 0.1，如图 11-22 所示。

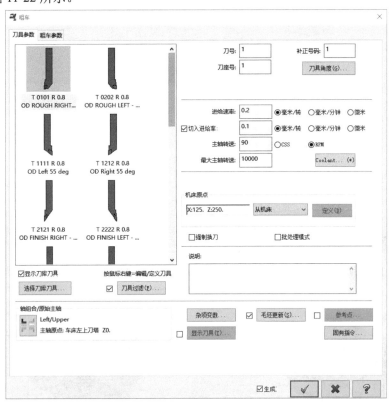

图 11-22 设置刀具参数

(4) 设置粗车参数。将切削深度设置为 0.75，最小切削深度设置为 0.05，X/Z 预留量设置为 0.2，单击"确定"按钮，完成设置，如图 11-23 所示。

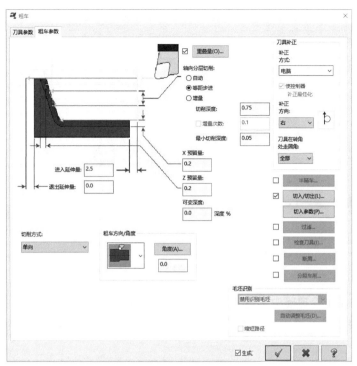

图 11-23　粗车参数设置

(5) 毛坯设置。在刀路操作管理器中选择"属性"→"毛坯设置"命令，系统弹出"机器群组属性"对话框，单击"毛坯设置"标签，进入"毛坯设置"选项组，设置图形为圆柱体、外径为 80、长度为 85，如图 11-24 所示。设置卡爪参数，如图 11-25 所示。设置完成后的结果如图 11-26 所示。

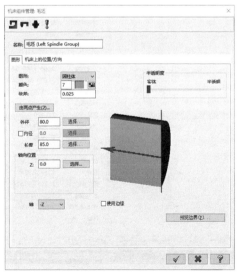

图 11-24　设置毛坯

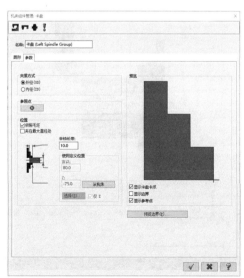

图 11-25　设置卡爪

图 11-26　刀具路径与毛坯设置

　　(6) 在刀路操作管理器中选择"验证已选择的操作"命令或在选项卡中选择"机床"→"实体仿真"命令，系统弹出"验证"对话框，该对话框用来设置实体模拟的参数，如图 11-27 所示。

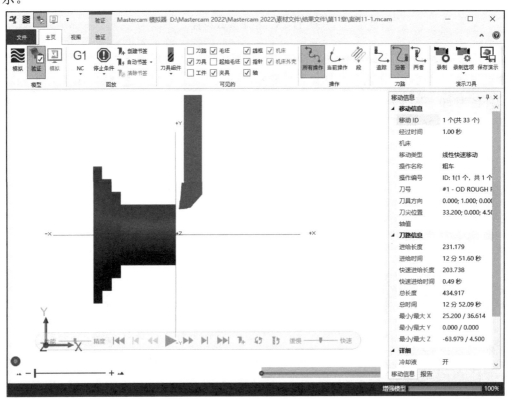

图 11-27　"验证"对话框

　　(7) 在"验证"对话框中单击"播放"按钮，模拟结果如图 11-28 所示。

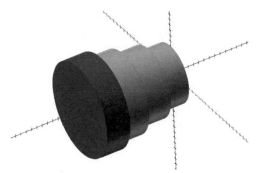

图 11-28　模拟结果

11.3　精车加工方法

　　精车加工与粗车加工类似，用于切除工件外形外侧、内侧或端面的多余材料，提高工件的表面质量和尺寸精度。除了粗车、精车的分层车削参数有区别外，其他设置基本相同，精车根据粗车加工后的余量来设置加工次数和步进量，如图 11-29 所示。

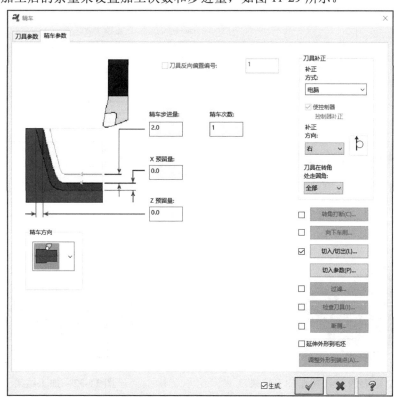

图 11-29　精车参数设置对话框

11.4 端面车削加工方法

端面车削加工用于车削工作端面而生成刀具路径，端面车削由两点定义的矩形区域来确定。在选项卡中选择"车削"→"标准"→"车端面"命令，系统弹出"车端面"对话框，该对话框用来设置刀具参数和车端面参数，车端面参数如图 11-30 所示。

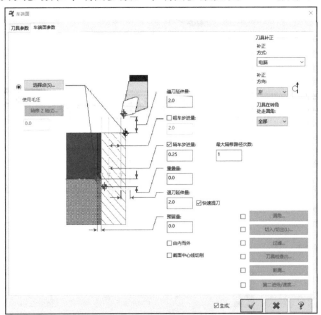

图 11-30 车端面参数设置

案例 11-2：外圆精车加工与端面加工

在如图 11-31 所示的加工结果基础上进行精车加工与端面加工，加工结果如图 11-32 所示。

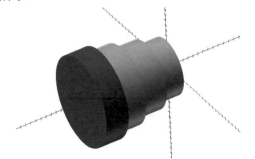

图 11-31 案例 11-1 粗车加工结果

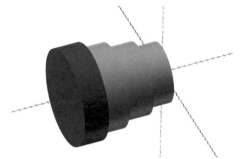

图 11-32 加工结果

操作步骤：

(1) 在选项卡中选择"文件"→"打开"命令，打开"结果文件\第 11 章\案例 11-1"，单击"确定"按钮完成文件的调取。

(2) 在选项卡中选择"车削"→"标准"→"精车"命令，系统要求选取串连图素，选择加工路径，如图 11-33 所示。单击"确定"按钮，完成选取。

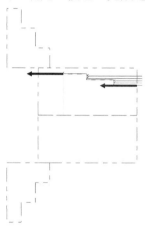

图 11-33　加工路径的选取

(3) 设置刀具参数。选取刀号为 T0101 的外圆车刀，设置进给速率为 0.01。在"精车参数"选项组中，将精车步进量设置为 0.05，精车次数设置为 4，X/Z 预留量设置为 0，如图 11-34 所示。单击"确定"按钮，完成刀具路径的设置。

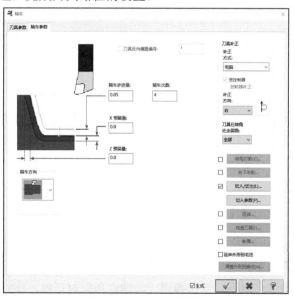

图 11-34　精车参数设置

(4) 在刀路操作管理器中选择"验证已选择的操作"命令或在选项卡中选择"机床"→"实体仿真"命令，系统弹出"验证"对话框，该对话框用来设置实体模拟的参数，在"验证"对话框中单击"播放"按钮，可查看外圆精车的模拟结果。

(5) 在选项卡中选择"车削"→"标准"→"车端面"命令，系统弹出"车端面"对话框。在对话框中选择刀号为 T0101 的外圆车刀，设置进给速率为 0.5。

(6) 按照图 11-35 设置车端面参数，单击"完成"按钮，完成刀具路径的设置。

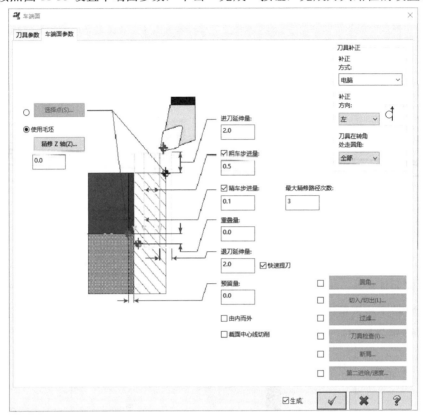

图 11-35　设置车端面参数

(7) 在刀路操作管理器中选择"验证已选择的操作"命令或在选项卡中选择"机床"→"实体仿真"命令，系统弹出"验证"对话框，该对话框用来设置实体模拟的参数，在"验证"对话框中单击"播放"按钮，可查看端面加工的模拟结果，如图 11-32 所示。

11.5　切槽加工方法

切槽加工可以在垂直车床主轴的方向或端面方向上进行车削切槽。在选项卡中选择"车削"→"标准"→"沟槽"命令，系统弹出"沟槽选项"对话框，该对话框用来定义沟槽方式，如图 11-36 所示。

各参数含义如下。

◇　1 点：选取一点作为切槽的右外角点。实际加工区域的大小和外形还需要设置切槽外形来定义。

◇ **2 点**：选取两个点来设置加工区域，定义切槽的宽度和高度。实际加工区域的大小及外形也需要设置切槽外形来定义。

◇ **3 直线**：在绘图区域选取三条直线，作为槽矩形的边。选取的三条直线只可以定义切槽的宽度和高度，实际加工区域的大小和外形同样需要设置挖槽外形定义。

◇ **串连**：在绘图区域选取串连来设置加工区域。

◇ **多个串连**：在绘图区域选取多个串连来设置加工区域。

图 11-36　定义沟槽方式

在"沟槽选项"对话框中，设置完成后单击"完成"按钮，系统弹出"沟槽粗车(串联)"对话框，如图 11-37 所示。在该对话框中可以设置刀具参数、沟槽形状参数、沟槽粗车参数、沟槽精车参数。

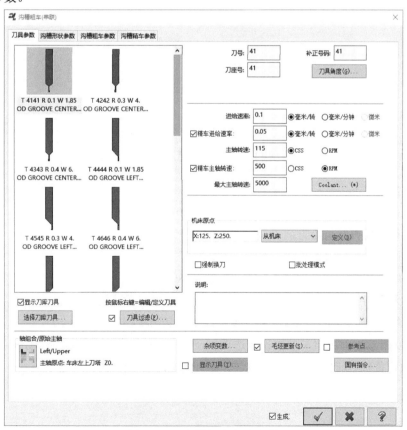

图 11-37　沟槽粗车相关参数

刀具参数的设置跟粗车/精车类似，此处不再赘述。图 11-38 所示为沟槽形状参数设置选项组，用于设置切槽的开口方向，并可以输入切槽的角度，系统提供了 6 个切槽方向。

图 11-38　定义沟槽形状参数

各参数含义如下。

◇　外径：切外槽进给方向为－X，角度为 90°。

◇　内径：切内槽进给方向为+X，角度为－90°。

◇　前端：切端面进给方向为－Z，角度为 0°。

◇　后端：切端面进给方向为－Z，角度为 180°。

◇　切入方向：在图形窗口选取一条直线来定义切槽的进刀方向。

◇　底线方向：在图形窗口选取一条直线来定义切槽的端面方向。

图 11-39 所示为沟槽粗车参数设置选项组，用于设置粗车参数，其中切削方向包括正向、负向、双向(交替)、双向(正向优先)、双向(负向优先)、串连负向 6 个选项。

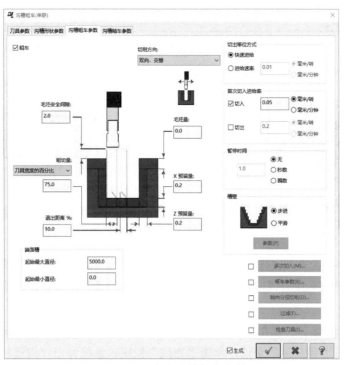

图 11-39　定义沟槽粗车参数

图 11-40 所示为沟槽精车参数设置选项组，用于设置精车参数。

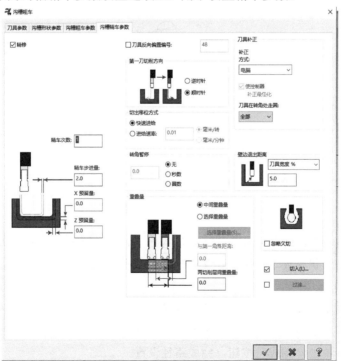

图 11-40　定义沟槽精车参数

图 11-41 为案例 11-2 的加工结果，在此基础上进行切槽加工，使结果如图 11-42 所示。

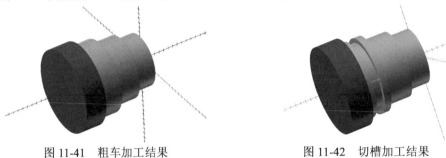

图 11-41　粗车加工结果　　　　　　　　　图 11-42　切槽加工结果

操作步骤：

(1) 在选项卡中选择"文件"→"打开"命令，打开"结果文件\第 11 章\案例 11-2"，单击"确定"按钮完成文件的调取，并绘制如图 11-43 所示的矩形框，矩形框位置为本次切槽的位置。

(2) 在选项卡中选择"车削"→"标准"→"沟槽"命令，选择两点定义沟槽，在绘图区选择矩形框的右上和左下两个点，单击"完成"按钮，系统弹出"沟槽粗车"对话框。

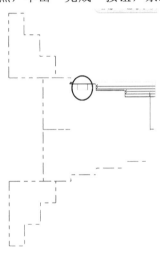

图 11-43　绘制矩形

(3) 设置刀具参数。选取刀号为 T4141 的沟槽车刀，设置进给速率为 0.1。

(4) 设置沟槽形状参数。设置沟槽角度为 90°，并设置沟槽的形状参数，本案例将相关形状参数均设置为 0。

(5) 设置沟槽粗车参数。将 X/Z 预留量设置为 0.2，毛坯安全间隙设置为 2.0，其他默认。

(6) 设置沟槽精车参数。将精车步进量设置为 0.2，精车次数设置为 1，X/Z 预留量设置为 0，其他默认。单击"完成"按钮，完成路径设置。

(7) 在刀路操作管理器中选择"验证已选择的操作"命令或在选项卡中选择"机

床"→"实体仿真"命令，系统弹出"验证"对话框，该对话框用来设置实体模拟的参数，在"验证"对话框中单击"播放"按钮，可查看沟槽加工的模拟结果，如图 11-42 所示。

11.6 车削螺纹加工方法

车削螺纹加工可用于加工内/外螺纹、螺纹槽。在选项卡中选择"车削"→"标准"→"车螺纹"命令，系统弹出"车螺纹"对话框，该对话框用来设置刀具参数、螺纹外形参数和螺纹切削参数，如图 11-44 所示。

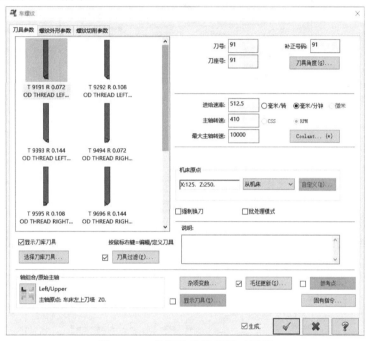

图 11-44 车螺纹参数设置对话框

案例 11-4：车螺纹加工

对如图 11-45 所示的零件进行车螺纹加工，加工结果如图 11-46 所示。

图 11-45 原始零件

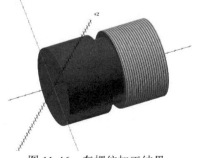

图 11-46 车螺纹加工结果

操作步骤：

(1) 在选项卡中选择"文件"→"打开"命令，打开"源文件\第 11 章\案例 11-4"，单击"确定"按钮完成文件的调取。

(2) 在选项卡中选择"车削"→"标准"→"车螺纹"命令，系统弹出"车螺纹"对话框。

(3) 设置刀具参数。选取刀号为 T9191 的螺纹车刀，设置进给速率为 500。

(4) 设置螺纹外形参数。用户可以直接设置导程、牙型角度、大径、小径等参数，也可以在"螺纹型式"中进行设置，并设置起始位置和结束位置，如图 11-47 所示。

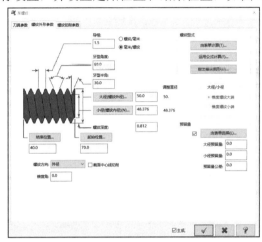

图 11-47　定义螺纹外形参数

(5) 设置螺纹切削参数。按照图 11-48 设置切削深度方式、切削次数方式、最后一刀切削量等参数。单击"完成"按钮，完成路径设置。

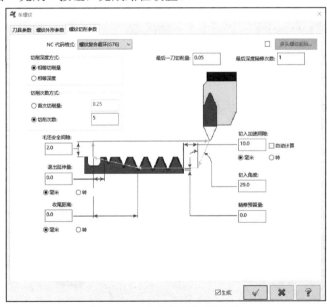

图 11-48　定义螺纹切削参数

(6) 单击"验证已选择的操作"按钮或"机床"→"实体仿真"命令，系统弹出"验证"对话框，该对话框用来设置实体模拟的参数，在"验证"对话框中单击"播放"按钮，可查看沟槽加工的模拟结果，如图 11-46 所示。

11.7　钻孔加工

车床加工系统中的钻孔加工方法和铣床加工系统中的钻孔加工方法类似，用于进行钻孔、镗孔及攻螺纹加工。在选项卡中选择"车削"→"标准"→"钻孔"命令，系统弹出"车削钻孔"对话框，该对话框用来设置刀具参数、钻孔参数等，如图 11-49 所示。

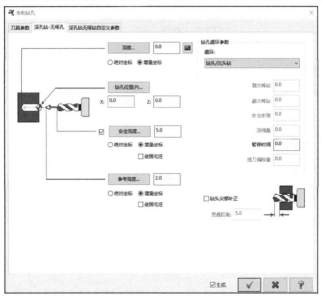

图 11-49　车削钻孔参数设置对话框

案例 11-5：车削钻孔加工

对如图 11-50 所示的零件进行钻孔加工，加工结果如图 11-51 所示。

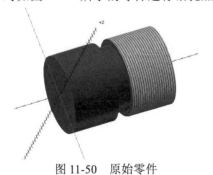

图 11-50　原始零件　　　　　　　　　图 11-51　车螺纹加工结果

操作步骤:

(1) 在选项卡中选择"文件"→"打开"命令,打开"结果文件\第 11 章\案例 11-5",单击"确定"按钮完成文件的调取。

(2) 在选项卡中选择"车削"→"标准"→"钻孔"命令,系统弹出"车削钻孔"对话框。

(3) 设置刀具参数。选取刀号为 T111111 的钻孔车刀,设置刀刃长为 15,刀具直径为 6,设置进给速率为 100。

(4) 设置深孔钻-无啄孔参数。将深度设置为-10,选择钻孔位置为端面中心点,如图 11-52 所示。其他设置不变,单击"完成"按钮,完成路径设置。

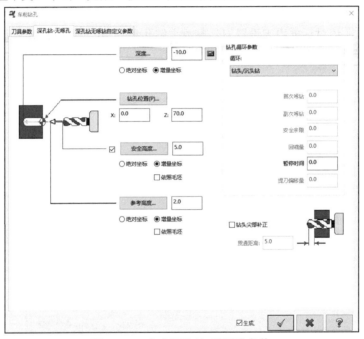

图 11-52   定义深孔钻-无啄孔参数

(5) 在刀路操作管理器中选择"验证已选择的操作"命令或在选项卡中选择"机床"→"实体仿真"命令,系统弹出"验证"对话框,该对话框用来设置实体模拟的参数,在"验证"对话框中单击"播放"按钮,可查看钻孔加工的模拟结果,如图 11-51 所示。

11.8   截断车削加工

截断车削加工用于生成一个垂直的刀具路径来切断工件。在选项卡中选择"车削"→"标准"→"切断"命令,系统提示选择切断边界点,拾取边界点后,系统弹出"车削截断"对话框,该对话框用来设置刀具参数、切断参数等,如图 11-53 所示。

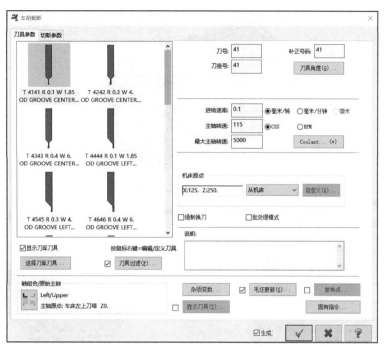

图 11-53　"车削截断"对话框

11.9　本章小结

　　本章主要讲解了 Mastercam 车床加工系统的车床加工基础，以及粗车、精车、端面车削等加工方法，还介绍了车床加工系统中刀具路径的创建过程、各参数的含义等。车床加工在实际应用中使用得非常多，切削参数的设置对加工质量的影响很大，因此，工程人员需要具备扎实的车床加工的基础知识和实际操作经验。

11.10　练习题

一、简述题

　　1．简述车床加工系统中各加工方法的特点与应用范围。

　　2．简述车床加工系统中坐标系的定义、工件设置的方法。

　　3．简述粗车与精车之间的区别及操作方法。

二、上机题

　　1．图 11-54 为案例 11-5 的加工结果图，请利用车削截断方法将该图形在后端圆柱体的任意位置进行截断。

图 11-54　加工图形

2. 用车削加工方式加工，得到如图 11-55 和图 11-56 所示的零件。

图 11-55　车削零件 1

图 11-56　车削零件 2

第 12 章
刀具路径编辑

本章主要讲解 Mastercam 刀具路径的编辑方法，主要包括刀具路径的修剪、变换及导入等方法。掌握刀具路径的修剪及变换方法对于提高加工效率具有非常大的帮助，用户需要灵活应用。

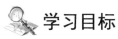 学习目标

◆ 掌握刀具路径的修剪方法。
◆ 掌握刀具路径的变换方法。
◆ 了解刀具路径的导入方法。

本章教学视频

12.1 修剪刀具路径

刀路修剪功能允许对已经生成的刀具路径进行裁剪，使刀具避开某一区域。下面以 2D 挖槽铣削刀具路径为例，介绍刀路修剪功能。图 12-1 所示为案例 6-3 的刀路轨迹，如果要在毛坯的左侧加上辅助装置，需要对挖槽加工轨迹进行修改，如图 12-2 所示。

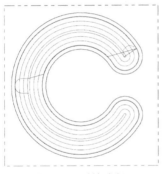

图 12-1 原始路径

图 12-2 修改路径

案例 12-1：修剪刀具路径

在选项卡中选择"刀路"→"工具"→"刀路修剪"命令，系统弹出"线框串连"对话框，选择需要修剪的边界，如图 12-3 所示，选择图 12-2 所示的圆，单击"完成"按钮，绘图区提示"在要保留的路径一侧选择一点"，选择任意一点后，系统弹出"修剪刀路"对话框，如图 12-4 所示。

在"修剪刀路"对话框中的"刀具在修剪边界位置"选

图 12-3 选择修剪边界

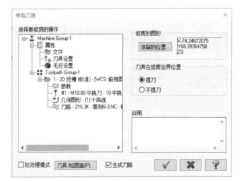

图 12-4 选择修剪边界

项组中选中"提刀"或"不提刀"单选按钮，单击"完成"按钮，完成修剪刀路的操作，如图 12-5 所示。

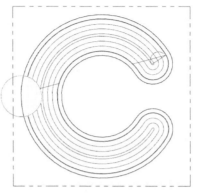

图 12-5　修剪后的路径

12.2　变换刀具路径

变换刀具路径的方法有平移、镜像和旋转，在数控加工的过程中，可以利用这几个命令设置多条路径，简化加工操作过程。

案例 12-2：平移刀具路径

利用平移刀具路径将图 12-6 所示的路径变换成如图 12-7 所示的刀具路径。

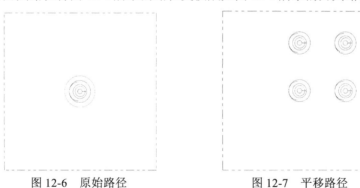

图 12-6　原始路径　　　　　　　图 12-7　平移路径

在选项卡中选择"刀路"→"工具"→"刀路转换"命令，系统弹出"转换操作参数"对话框，选取变换类型为"平移"，如图 12-8 所示。

图 12-8　转换操作参数

在"转换操作参数"对话框中单击"平移"标签，如图 12-9 所示。平移方式包括直角坐标、两点间、极坐标、两视图之间，选中"直角坐标"单选按钮，输入数量 X 方向 2 个、Y 方向 2 个，设置直角坐标 X 为 30、Y 为 30，单击"完成"按钮，新产生的路径如图 12-7 所示。

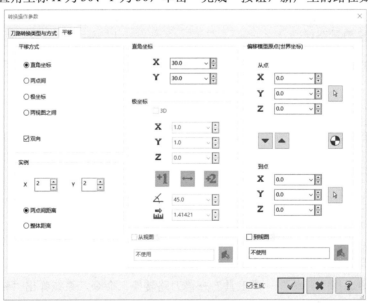

图 12-9　平移参数设置

案例 12-3：旋转刀具路径

利用旋转刀具路径将图 12-10 所示的路径变换成如图 12-11 所示的刀具路径。

图 12-10　原始路径　　　　　　　　　　图 12-11　旋转路径

在选项卡中选择"刀路"→"工具"→"刀路转换"命令，系统弹出"转换操作参数"对话框，选取变换类型为"旋转"。在"转换操作参数"对话框中单击"旋转"标签，如图 12-12 所示。输入数量 3，选择旋转基准点为原点，单击"完成"按钮，新产生的路径如图 12-11 所示。

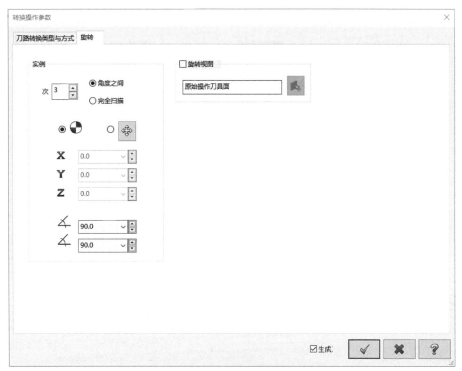

图 12-12　旋转参数设置

案例 12-4：镜像刀具路径

利用镜像刀具路径将图 12-13 所示的路径变换成如图 12-14 所示的刀具路径。

图 12-13　原始路径　　　　　　　图 12-14　镜像路径

在选项卡中选择"刀路"→"工具"→"刀路转换"命令，系统弹出"转换操作参数"对话框，选取变换类型为"镜像"。在"转换操作参数"对话框中单击"镜像"标签，如图 12-15 所示。选择镜像基准为 X 轴，单击"完成"按钮，新产生的路径如图 12-14 所示。

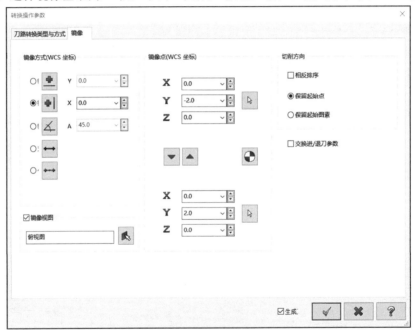

图 12-15　镜像参数设置

12.3　导入刀具路径

在刀路操作管理器空白处单击鼠标右键，从右键菜单中选择"导入"选项，系统弹出"导入刀路操作"对话框，如图 12-16 所示。选择原始操作库文件和需要导入的刀路，单击"确定"按钮，完成刀路的导入，在刀路操作管理器中会出现一个刚导入的刀路操作。

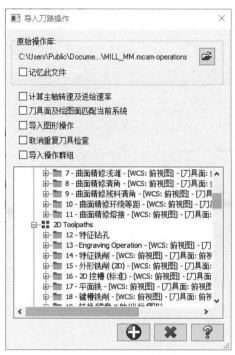

图 12-16　导入刀路操作

12.4　本章小结

本章主要讲解了刀路修剪、变换刀具路径等方法的使用，掌握刀具路径修剪及变换方法有利于简化操作过程，满足实际工程的需要，提高加工效率。

12.5　练习题

一、填空题

1. 变换刀具路径的方法有_____、_____和_____。

2. 刀路修剪功能允许对已经生成的_____进行裁剪，使刀具避开某一区域。

3. 刀具路径编辑方法有_____、_____和_____。

二、上机题

将图 12-17 所示的原始路径进行修剪操作，使其结果如图 12-18 所示。

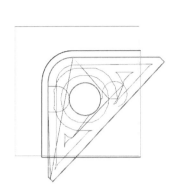 

图 12-17　原始路径　　　　图 12-18　修剪路径